化学国家级实验教学示范中心创新实验系列教材
编审委员会名单

高等学校"十三五"规划教材

化学国家级实验教学示范中心创新实验系列教材

化工基础实验

HUAGONG JICHU SHIYAN

庞秀言　闫明涛　编著

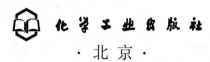

化学工业出版社

·北京·

内容提要

本书由线下化工单元操作实验和线上化工虚拟仿真实验两大类实验组成，实验项目的设置与实施突出了以学生为中心的教学理念，设置了由基础实验、综合实验、设计实验、研究实验、化工工艺虚拟仿真实验组成的多层次、递进式实验项目体系。

本书适合化学、材料化学、高分子材料与工程、环境科学、环境工程、生物技术、生物工程等专业本科生使用，也可供研究生及科研工作者参考。

图书在版编目（CIP）数据

化工基础实验/庞秀言，闫明涛编著. —北京：化学
工业出版社，2020.7
高等学校"十三五"规划教材
ISBN 978-7-122-37407-3

Ⅰ.①化… Ⅱ.①庞… ②闫… Ⅲ.①化学工程-化学
实验-高等学校-教材 Ⅳ.①TQ016

中国版本图书馆 CIP 数据核字（2020）第 129569 号

责任编辑：提 岩 姜 磊　　　　　装帧设计：王晓宇
责任校对：宋 玮

出版发行：化学工业出版社（北京市东城区青年湖南街 13 号　邮政编码 100011）
印　　装：大厂聚鑫印刷有限责任公司
787mm×1092mm　1/16　印张 8¾　字数 208 千字　2020 年 8 月北京第 1 版第 1 次印刷

购书咨询：010-64518888　　　　　　　售后服务：010-64518899
网　　址：http://www.cip.com.cn
凡购买本书，如有缺损质量问题，本社销售中心负责调换。

定　　价：28.00 元　　　　　　　　　　　　　　　版权所有　违者必究

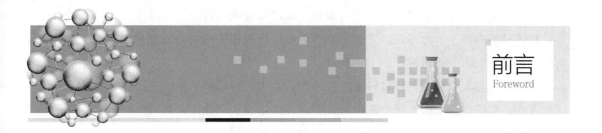
本书根据教育部《关于进一步深化本科教学改革、全面提高教学质量的若干意见》《高等学校本科教学质量与教学改革工程》《普通高等学校本科化学专业规范》及《教育部关于一流本科课程建设的实施意见》（教高〔2019〕8 号）精神，在知识传授、能力培养、素质提高、协调发展的教育理念和以培养学生创新能力为核心的实验教学观念指导下编写而成。

"化工基础实验"是依托于"化学工程基础"理论课程的一门实验/实践课程，旨在培养学生工程观念以及处理一般工程问题和进行科学研究的初步能力。本书以化工生产中动量传递、热量传递、质量传递、化学反应工程四大类化工单元操作为依托，在研究化工基础实验教学与认知规律的基础上，将实验内容整合为基础综合实验、研究设计实验和化工工艺仿真实验三大模块，形成了多层次、递进式实验教学体系。学生在掌握基本单元操作技能的基础上，再进行综合性、设计性实验训练，最后通过化工工艺虚拟仿真实验与化工实习对接。

本书内容包括以流量测定与流量计校验、离心泵的特性曲线、固体流态化、管道流体阻力、液-液热交换总传热系数及膜系数、连续填料精馏柱分离能力、反应器的流动模型检验、填料塔吸收传质系数、过滤常数、液液萃取、膜分离等为代表的基础综合实验，以连续填料精馏柱分离能力评比、流态化干燥速率曲线测定为代表的研究设计实验，以氯乙酸生产工艺、典型化工厂认识实习、鲁奇甲醇合成生产实习为代表的化工工艺虚拟仿真实验。通过基础与综合实验训练，使学生掌握典型化工单元操作原理与计算，培养基本操作技能；通过研究设计实验训练，提高学生的实验设计、数据归纳、结果分析的探究能力；通过化工工艺虚拟仿真实验培养学生工艺流程与工程认知能力。

本书具有以下特点：

1.实验项目设置体现了实验教学的认知规律。由基础综合实验、研究设计实验、化工工艺虚拟仿真实验组成的多层次、递进式实验项目体系，既可保证学生对基本化工单元操作及典型设备的掌握，又有利于学生对工艺流程与工程认知能力的提升。

2.传统化工基础实验项目设置上多为孤立的化工单元操作，学生不能受到将单元操作按照化工产品生产工艺的要求进行组合、应用的训练。化工工艺虚拟仿真实验弥补了传统化工实验中教学场地、设备成本和操作安全的限制与不足。由河北大学设计完成的 2018 年度国家级仿真实验项目"氯乙酸生产工艺 3D 虚拟仿真实验"，以及由北京东方仿真软件技术有限公司提供的"典型化工厂 3D 虚拟现实认识实习""鲁奇甲醇合成 3D 虚拟仿真实验——生产实习"弥补了化工基础实验项目设置上的不足。

3.可同时满足线下、线上实验教学内容的需要。使用时可结合专业特色及教学计划、教学时数、实验室条件等加以取舍，也可根据实际需要增减内容或提高要求。

4.将科学精神、节能环保、安全生产等内容以思考题的形式融入教材，启发、培养学生的相关工作意识和职业精神。

本书由河北大学化学与环境科学学院庞秀言、闫明涛编著。书中基础综合实验部分包含了刘秀兰、王艳素、李妍等老师的宝贵经验与建议，化工工艺虚拟仿真实验内容得到了北京东方仿真软件技术有限公司的大力支持，在此一并表示感谢。

由于作者水平所限，书中疏漏之处在所难免，敬请广大读者指正！

编者
2020 年 3 月

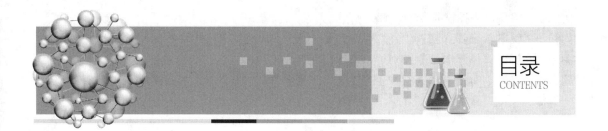

目录
CONTENTS

参考文献

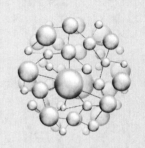

第一部分

化工单元操作实验
——基础综合实验

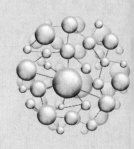

实验 1

液体流量测定与流量计校验

一、 实验目的

1. 了解流量计的结构与工作原理。
2. 掌握用直接容量法对流量计进行标定的实验方法。
3. 测定流量计的流量系数与雷诺数之间的关系。

二、 实验原理

流体流量测定对于流量的控制以及物料衡算都具有重要意义。流体流量测定包括不可压缩流体和可压缩流体两类。液体流量的测量方法主要有直接测量法和采用流量测量仪表的间接测量法。

实验装置中所用流量测量仪表主要有孔板流量计、文丘里流量计、转子流量计等。由于测量范围、测量流体种类及温度的变化，在测量流量之前，应以直接流量测量法对这些流量计进行流量标定，根据测定结果作出流量校正曲线，以供流体流量测量使用。

流量指单位时间内流体流过管道截面上的体积或质量，因此有体积流量（q_V）与质量流量（q_m）之分。流量与流体测量时的状态有关，以体积表示流量时，应标明温度和压力。流量的测量方法分为直接法和间接法。直接法分为直接容量法和直接质量法。间接法又称仪表法，多借助于流量测量仪表如孔板流量计、文丘里流量计、转子流量计等来进行。

1. 孔板流量计

孔板流量计的结构原理如图 1-1 所示。在水平管路上装有节流装置——孔板，孔板两侧接出测压管，测压管再分别与 U 形压差计或倒置 U 形压差计相连接。

孔板流量计利用流体通过锐孔的节流作用，使流速增大，压力减小，造成孔板前、后压力差，将对流速（流量）的测量转化为对压差的测量。

若管路直径为 d_1，孔板锐孔直径为 d_0，流体密度为 ρ，设孔板前管路处和锐孔处的速率与压力分别为 u_1、u_0 与 p_1、p_0。根据稳定流体的连续性方程有：

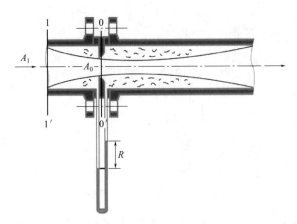

图 1-1 孔板流量计的结构原理

$$\frac{u_0}{u_1} = \left(\frac{d_1}{d_0}\right)^2 \tag{1-1}$$

在管路截面 1-1′ 和孔板锐孔处截面 0-0′ 之间进行机械能衡算可得：

$$u_0 = \sqrt{\frac{(p_1 - p_0)/\rho - \sum h_{f,1-0}}{\frac{1}{2}\left[1 - \left(\frac{d_0}{d_1}\right)^4\right]}} \tag{1-2}$$

如果忽略压差计实际安装位置与机械能衡算所取截面不同，忽略孔板的流通截面积 A_0，忽略 1 与 0 之间阻力损失，并将忽略因素全部归于校正系数 C_0 中，则式（1-2）可变为：

$$u_0 = C_0 \sqrt{\frac{2(p_1 - p_2)}{\rho}} \tag{1-3}$$

式中，p_2 为压差计右端所连接截面处实际压力，Pa。

根据 u_0 和 A_0 可计算孔板处流体的体积流量：

$$q_V = A_0 u_0 = C_0 A_0 \sqrt{\frac{2(p_1 - p_0)}{\rho}} = C_0 A_0 \sqrt{\frac{2(\rho_R - \rho)gR}{\rho}} \tag{1-4}$$

式中，R 为 U 形压差计示数（液柱高度差），m；ρ_R 为压差计中指示液的密度，$kg \cdot m^{-3}$；C_0 称为孔板流量系数（简称孔流系数），它由孔板锐孔的形状、测压口位置、孔径与管径比 $\frac{d_0}{d_1}$ 或者管截面积与孔截面积比 $\frac{A_0}{A_1}$ 以及锐孔处的雷诺数 Re 所决定，具体数值由实验测定。

当孔板的 $\frac{d_0}{d_1}$ 一定，并且 Re 超过某个数值后，C_0 接近于定值，一般介于 0.6～0.7。工业上定型的流量计，规定在 C_0 为定值的流动条件下使用。

2. 文丘里流量计

孔板流量计的优点是装置简单，缺点是阻力损失大。针对孔板流量计的高阻力损失问题，文丘里流量计的结构改为管径逐渐缩小，然后再逐渐扩大，以达到减少涡流损失的目的，其结构原理如图 1-2 所示。

同理，依照孔板流量计测量流量的原理及流量测量公式(1-4)，可得流经文丘里流量计的流体的体积流量为：

$$q_V = C_V A_0 \sqrt{\frac{2gR(\rho_R - \rho)}{\rho}} \qquad (1\text{-}5)$$

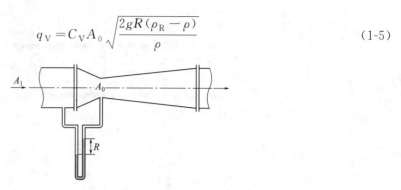

图 1-2　文丘里流量计的结构原理

式中，A_0 为管喉截面积；C_V 称为文丘里流量计的流量系数，其数值随雷诺数 Re 而改变，具体数值亦由实验测定。在湍流情况下，当喉管与径管比为 $\dfrac{d_0}{d_1} = \dfrac{1}{4} \sim \dfrac{1}{2}$ 时，C_V 约为 0.98。

3. 转子流量计

转子流量计的结构原理如图 1-3 所示。它由一根垂直的略呈锥形的玻璃管和转子组成。转子流量计需在垂直管路上安装，流体自下而上流过流量计。锥形玻璃管截面积由下至上逐渐增大，流体的流量由转子停留平衡位置的高度决定。

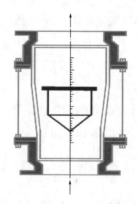

图 1-3　转子流量计的结构原理

转子流量计以节流作用为依据，其对流量测定的原理是：流体流过转子与锥形玻璃管环隙中的流速恒定，通过调整环隙的截面积（即转子停留位置的高度）来实现流量的稳定与测量。

当流体以一定的流量流过环隙，作用在转子下端面与上端面的压力差、流体对转子的浮力和转子的重力三者互相平衡时，转子就停留在一定高度上。流量变化时，转子移动到新的位置，以达到新的平衡。转子流量计的流量公式为：

$$q_V = C_R A_R \sqrt{\frac{2gV_f(\rho_f - \rho)}{A_f \rho}} \qquad (1\text{-}6)$$

式中，A_R 为环隙的截面积，m^2；V_f 为转子体积，m^3；A_f 为转子最大截面积，m^2；ρ 为流体的密度，$kg \cdot m^{-3}$；ρ_f 为压差计中指示液的密度，$kg \cdot m^{-3}$；C_R 为转子流量计的流量系数。C_R 的值与转子的形状及流体通过环隙的 Re 有关，介于 $0 \sim 1.0$ 范围内，其具体数值由实验测定。

三、仪器与试剂

实验仪器如图 1-4 所示，主要部分由离心泵、低位储槽、高位槽、注水阀、管路、流量调节阀、流量计串连组合而成，实验导管的内径 $d = 20.8\text{mm}$；孔板流量计的孔径 $d_0 = 14\text{mm}$；孔流系数 $C_0 = 0.67$。1000mL 量筒 1 个；秒表 1 个；0~50℃温度计 1 支；测试介质为水。接水位置一般可根据实验装置的特点选择在管路的末端。

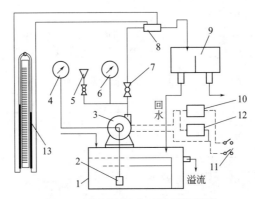

图 1-4　流量测量实验装置流程图

（此装置图参照新华教仪离心泵实验仪器绘制）

1—循环水槽；2—底阀；3—离心泵；4—真空表；5—注水口；6—压力表；7—流量调节阀；
8—孔板流量计；9—分流槽；10—电流表；11—电源；12—电压表；13—U 形压差计

四、实验的步骤

1. 实验前的准备工作

循环水槽中灌满水，在高位水槽中悬挂一支温度计，用以测量水的温度。

2. 实验操作

（1）在实验导管入口调节阀关闭状态下启动循环水泵。

（2）待泵运转正常后，缓慢开启导管入口流量调节阀，使水的流量逐渐增大，通过排气，使水流满整个实验导管。

（3）关闭出口流量调节阀，调整与孔板流量计相连的 U 形压差计的初始液位在 0 刻度左右，且保证压差计两端的液位差为零。

（4）开启出口流量调节阀，使 U 形压差计两端的液位差达到最大值，并在此最大压差范围内分配实验点。

（5）调节流量调节阀，使 U 形压差计两端的液位差为某一确定值，在此流量下以容量法测定相应流量，记录此时的水温、压差计读数、接水体积和接水时间。每个数据点下至少平行测定三次。

（6）改变流量，重复上述操作，在允许的流量范围内，测取 7~8 组数据。

（7）实验完成后，先关闭流量调节阀门，再关闭离心泵。

3. 注意事项

（1）循环水泵应在管路流量调节阀关闭状态下启动。

（2）管道和压差计的连接管内，不能存在气泡，否则会影响测量的准确度。

（3）标定流量计时，要求由小流量到大流量，再由大流量到小流量，重复两次，取其平均值。

五、数据处理

1. 记录被检流量计的基本参数。

孔板流量计：锐孔孔径 $d_0 = 14mm$；管道内径 $d_1 = 20.8mm$。

2. 将实验测得的体积、时间、压差计示数等数据参考表 1-1 进行记录。

表 1-1　数据记录表 1

水温：

编号	流量计压差计示数 R/mmH_2O	温度 $T/℃$	时间 t/s	体积 V/mL

3. 根据实验室测定的水温，从手册中查出下列各项物理常数。

水的密度：　　　　　　黏度：

4. 根据设备基本参数、物性数据和实验测定值，参考表 1-2 进行数据整理。

表 1-2　数据记录表 2

流量计压差计示数 R/mmH_2O	平均体积流量 $q_V/m^3 \cdot h^{-1}$	管内流速 $u_1/m \cdot s^{-1}$	孔处流速 $u_0/m \cdot s^{-1}$	锐孔处雷诺数 Re_0	流量系数 C_0

5. 根据实验结果，绘制体积流量校正曲线 $(q_V - R)$，绘制流量系数与锐孔处雷诺数的关系曲线 $(C_0 - Re_0)$。

六、思考题

1. 实验中所用压差计为倒置 U 形，体积流量的计算公式有何变化？

2. 从实验结果绘制的 $C_0 - Re_0$ 关系曲线中，可以得出什么结论？

3. 简述分析孔板流量计的优缺点和适用范围。

4. "化工基础"和"化工基础实验"是理论和实践的有机结合。试分析孔板流量计、文丘里流量计、转子流量计设计的理论依据，并思考，在今后的学习中，应该如何树立理论与实践相统一的思想？

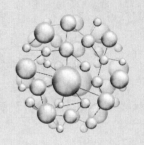

实验 2

离心泵特性曲线的测定

一、实验目的

1. 了解离心泵的结构、安装高度、气缚现象和预防措施。
2. 了解表压和真空度的测量方法，掌握离心泵的正确操作。
3. 掌握离心泵的各性能参数、相互关系、选型依据。
4. 借助于给定测量仪器，完成一定电机转速下的泵的特性曲线的测定。

二、实验原理

离心泵是常用的一类液体输送设备。在离心泵的选型过程中，首先要了解输送流体的种类、流量及单位质量的流体需要从离心泵获得的有效功，然后参考由厂家提供的离心泵的特性曲线确定离心泵的种类和型号。

离心泵的主要特性参数有流量、扬程、功率和效率，这些参数不仅表征了泵的性能，也是正确选择和使用泵的主要依据。

1. 泵的流量

泵的流量即泵的送液能力，指单位时间内泵所排出的液体体积。泵的流量可按直接流量测定法，由一定时间 t 内排出液体的体积 V 或质量 m 来测定，即：

$$q_V = \frac{V}{t} \tag{2-1}$$

或

$$q_V = \frac{m}{\rho t} \tag{2-2}$$

若泵的输送系统中安装有经过标定的流量计时，泵的流量也可由流量计测定。当系统中装有孔板流量计时，流量值由压差显示，流量 q_V 与倒置 U 形管压差计读数 R 之间存在如下关系：

$$q_V = C_0 A_0 \sqrt{2gR} \tag{2-3}$$

式中，C_0 为孔流系数；A_0 为孔板锐孔面积，m^2。

2. 泵的扬程

泵的扬程即泵的压头，表示单位重量液体从泵中获得的机械能。若以泵的压出管路中装有压力表处管路截面为 B 截面，以吸入管路中装有真空表处管路截面为 A 截面，并在此两截面之间列机械能衡算公式，则可得出泵扬程 H_e' 的计算公式：

$$H_e' = H_0 + \frac{p_B - p_A}{\rho g} + \frac{u_B^2 - u_A^2}{2g} + \sum H_{f,\,A-B} \qquad (2-4)$$

式中，p_B 为泵出口截面 B 上的压力，Pa；p_A 为泵入口截面 A 上的压力，Pa；H_0 为 A、B 两截面之间的垂直距离，m；u_A 为 A 截面处的液体流速，$m^3 \cdot s^{-1}$；u_B 为 B 截面处的液体流速，$m^3 \cdot s^{-1}$；$\sum H_{f,\,A-B}$ 为 A 与 B 两截面间的压头损失，m。

3. 泵的功率

泵的功率有有效功率 P_e 与轴功率 P 之分。在单位时间内，液体从泵中实际所获得的功，即为泵的有效功率。若测得泵的流量为 q_V，扬程为 H_e'，被输送的液体密度为 ρ，则泵的有效功率 P_e 可按下式计算：

$$P_e = q_V H_e' \rho g \qquad (2-5)$$

泵所做的实际功不可能被输送液体全部获得，其中部分消耗于泵内的各种能量损失。单位时间内电动机输送给泵轴的功率称为泵的轴功率 P。

4. 泵的效率

泵的效率为泵的有效功率 P_e 与泵的轴功率 P 之比，即：

$$\eta = \frac{P_e}{P} \qquad (2-6)$$

电动机所消耗的功率可直接由输入电压 U 和电流 I 测得。泵的总效率可由泵的有效功率和电动机实际消耗功率计算得出。即：

$$\eta_{总} = \frac{P_e}{UI} \qquad (2-7)$$

这时，得到的泵的总效率除了泵的效率外，还包括传动效率和电动机的效率。

5. 离心泵特性曲线

泵的各项特性参数并不是孤立的，而是相互制约的。为了全面准确地表征离心泵的性能，需要在一定转速下，将实验测得的各项参数即 H_e'、P、η 与 q_V 之间的变化关系绘成一组曲线，这组关系曲线称为离心泵特性曲线，如图 2-1 所示，离心泵特性曲线使离心泵的操作性能得到完整的体现，并由此可确定泵的最适宜操作状况。

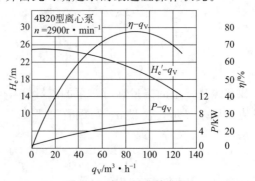

图 2-1　离心泵特性曲线

通常，离心泵在恒定转速下运转，离心泵特性曲线也随之而异。泵的 q_V、H_e'、P_e、n 之间大致存在如下关系：

$$\frac{q_V}{q'_V} = \frac{n}{n'} \qquad \frac{H'_e}{H''_e} = \left(\frac{n}{n'}\right)^2 \qquad \frac{P_e}{P'_e} = \left(\frac{n}{n'}\right)^3 \tag{2-8}$$

三、仪器与试剂

实验装置及流程如图 2-2 所示，主体设备为一台单级单吸离心泵。泵将循环水槽中的水，通过吸入导管吸入泵体。在吸入导管上端装有真空表，下端装有底阀（单向阀）。水由泵的出口进入压出导管，压出导管沿途装有压力表、调节阀和孔板流量计。循环水槽中需插入一支温度计。测试介质为水。

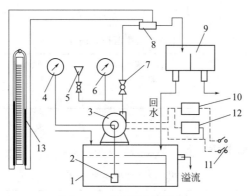

图 2-2 离心泵实验装置
（此装置图参照新华教仪离心泵实验仪器绘制）
1—循环水槽；2—底阀；3—离心泵；4—真空表；5—注水口；6—压力表；7—流量调节阀；
8—孔板流量计；9—分流槽；10—电流表；11—电源；12—电压表；13—U 形压差计

四、实验步骤

1.充水排气。调整离心泵吸入管路的单向阀，使之与管路接触完好。打开注水阀和排气阀，用容器取水灌泵，将泵内空气排出。灌满后，一定将注水阀和排气阀同时关闭。

2.启动泵。启动前，先确认泵出口流量调节阀处于关闭状态，同时电机的调压器处于零点，然后接通电源，缓慢调节调压器至额定电压（200V）。

3.调节流量计初始刻度。关闭入口流量调节阀，调整与孔板流量计相连的 U 形压差计的初始液位在 0 刻度左右，且保证压差计两端的液位差为 0。

4.找量程，分布数据点。泵启动后，逐渐开启出口流量调节阀处于全开状态，记录流量计的压差计的最大变化范围，在此范围内取 7～8 个数据点。

5.在一定流量下，用直接容量法（借助于量筒和秒表）测定体积流率，也可借助孔板流量计测量流量。

6.从压力表和真空表上读取对应压力和真空度的数值。

7.从电压表和电流表上读取电压和电流值。

8.分别按流量从大到小和从小到大的顺序重复以上测定。

9. 实验完毕，应先将泵出口调节阀关闭，再将调压器调回零点，最后切断电源。

五、数据处理

1. 基本参数

（1）离心泵：流量 $q_V = 3.33 \times 10^{-4} \, m^3 \cdot s^{-1}$；扬程 $H'_e = 5m$；功率 $P = 120W$；转速 $n = 280r \cdot min^{-1}$。

（2）管道：吸入导管内径 $d_1 = 20.8mm$；压出导管内径 $d_2 = 20.8mm$；A 与 B 两截面之间的垂直距离 $H_0 = 230mm$。

（3）孔板流量计：锐孔直径 $d_0 = 14mm$；流量系数 $C_0 = 0.67$；导管内径 $d_1 = 20.8mm$。

2. 实验数据

实验测得的数据可参考表 2-1 进行记录。

表 2-1　数据记录表 1

编号	$T/℃$	R/cm	p_A/MPa	p_B/MPa

3. 实验结果整理

（1）参考表 2-2 将实验数据进行整理。

表 2-2　数据记录表 2

编号	流量 $q_V/m^3 \cdot s^{-1}$	扬程 H'_e/m	有效功率 P_e/W	总的效率 $\eta/\%$

（2）将实验数据结果绘成离心泵特性曲线。

六、思考题

1. 离心泵的各特性参数有什么关系？

2. 为了使测量数据点在坐标体系下均匀分布，在分配流量计的压差数据时应注意什么？（提示：$q_V = C_0 A_0 \sqrt{2gR}$）

3. 在将 A、B 两截面上测得的真空表与压力表的数据代入式（2-4）计算扬程 H'_e 时，应注意什么问题？

4. 在 2020 年初抗击新型冠状病毒肺炎的过程中，负压救护车发挥了很大作用，负压救护车内有什么黑科技呢？涉及哪种流体输送设备？

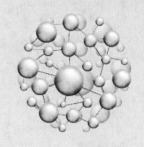

实验 3

固体流态化实验

一、 实验目的

1. 观察固定床与流化床的特点。
2. 掌握流化曲线和临界流化速度的实验测定方法。
3. 计算临界流化速度，并与实验测定结果进行对比。

二、 实验原理

流态化简称流化。它是利用流动流体将固体颗粒群悬浮起来，从而使固体颗粒具有某些流体的表观特征。利用流体与固体间的流化接触方式实现生产过程的操作，称为流态化技术。流态化技术在强化传质、传热、混合以及反应过程等方面起着重要作用。固体流态化过程按其特性分为密相流化和稀相流化。密相流化又分为散式流化和聚式流化（如图 3-1 所示）。气固系统的密相流化多属于聚式流化，而液固系统的密相流化多属于散式流化。

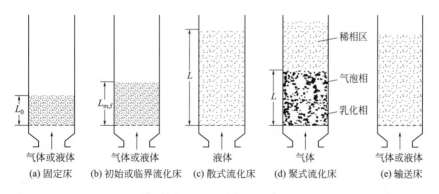

图 3-1 流体流经颗粒床层时颗粒呈现的不同状态

当流体流经固定床内固体颗粒之间的空隙时，随着流速的增大，流体与固体颗粒之间所产生的阻力也随之增加，床层的压力降不断升高。

固定床时，流体流动产生的压力降与流速之间的关系可以仿照流体流经空管时的压力公式（Moody 公式）列出。即：

$$\Delta p = \lambda_m \cdot \frac{H_m}{d_p} \cdot \frac{\rho u_0^2}{2} \tag{3-1}$$

式中，Δp 为固定床层两端的压力降，Pa；H_m 为固定床层的高度，m；d_p 为固体颗粒的直径，m；u_0 为流体的空管速度，$m \cdot s^{-1}$；ρ 为流体的密度，$kg \cdot m^{-3}$；λ_m 为固定床的摩擦系数，无量纲准数。

固定床的摩擦系数 λ_m 可以直接由实验测定。厄贡（Ergun）提出如式（3-2）的经验公式：

$$\lambda_m = 2\left(\frac{1-\varepsilon_m}{\varepsilon_m^3}\right)\left(\frac{150}{Re_m} + 1.75\right) \tag{3-2}$$

式中，ε_m 为固定床的空隙率，可以按照式（3-3）计算；

$$\varepsilon_m = \frac{\rho_s - \rho_b}{\rho_s} \tag{3-3}$$

式中，ρ_s 为颗粒密度，$kg \cdot m^{-3}$；ρ_b 为固体颗粒的堆积密度，$kg \cdot m^{-3}$。

Re_m 为修正雷诺数，可由颗粒直径 d_p、固定床层空隙率 ε_m、流体密度 ρ、流体黏度 μ 和空管流速 u_0，按式（3-4）计算：

$$Re_m = \frac{d_p \rho u_0}{\mu} \cdot \frac{1}{1-\varepsilon_m} \tag{3-4}$$

由固定床向流化床转变时的流速称为临界速度 u_{mf}，可由实验直接测定。在测得不同流速下的床层压力降之后，将实验数据标绘在双对数坐标上，再由作图法即可求得临界流化速度，如图 3-2 所示。

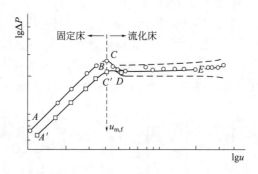

图 3-2　流体流经固定床与流化床时的压力降

临界流化速度 $u_{m,f}$ 还可根据半理论半经验公式计算得到。

流态化时，流体流动对固体颗粒产生的向上作用力等于颗粒在流体中的净重力，即：

$$\Delta p S = H_f S(1-\varepsilon_f)(\rho_s - \rho)g \tag{3-5}$$

式中，S 为颗粒的横截面积，m^2；H_f 为流化床时的床层高度，m；ε_f 为流化床的空隙率，可按式（3-6）计算。

$$\varepsilon_f = \frac{H_f - (1-\varepsilon_f)H_m}{H_f} \tag{3-6}$$

当床层处于由固定床向流化床转变的临界点时，固定床压力降的计算式（3-1）与流化床的计算式（3-5）应同时适用。这时，$H_f = H_{m,f}$，$\varepsilon_f = \varepsilon_{m,f}$，$u_0 = u_{m,f}$，因此联立式（3-1）和式（3-5）即可得到临界流化速度的计算式：

$$u_{m,f} = \left[\frac{1}{\lambda_m} \cdot \frac{2d_p(1 - \varepsilon_{m,f})(\rho_s - \rho)g}{\rho} \right]^{1/2} \tag{3-7}$$

流化床的特性参数还包括密相流化与稀相流化、临界点的带出速度 u_f、床层的膨胀比 R 和流化数 K 等。流化床的床层高度 H_f 与静床层的高度 H_0 之比，称为膨胀比 R，即：

$$R = H_f/H_0 \tag{3-8}$$

流化床实际采用的流化速度 u_f 与临界流化速度 $u_{m,f}$ 之比，称为流化数 K，即：

$$K = u_f/u_{m,f} \tag{3-9}$$

实验过程中，为防止固体颗粒损失，实验中流化速度应小于带出速度 u_f。

三、仪器与试剂

气-固系统的流程如图 3-3 所示。设备主体为圆柱形自由床，填充测试颗粒，如硅胶、分子筛等。分布器采用筛网，柱顶装有过滤网，以阻止固体颗粒被带出设备外。床层上有测压口与压差计相连接。空气自鼓风机经调节阀和流量计，由设备底部进入设备，经分布器分布均匀，由下而上通过颗粒层，离开干燥器后，再经旋风分离器除尘净化后排空。空气流量由调节阀和放空阀联合调节，并由流量计显示。床层压力降由压差计测定。

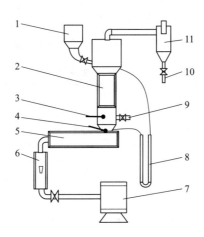

图 3-3 流化床实验装置流程
（此装置图参照浙大中控流态化干燥实验仪器绘制）
1—加料斗；2—床层（可视部分）；3—床层测温点；4—出加热器热风测温点；5—风加热器；
6—转子流量计；7—风机；8—压差计；9—取样口；10—排灰口；11—旋风分离器

四、实验步骤

1. 实验操作

（1）打开仪器总电源。

（2）在空气流量调节阀关闭、空气放空阀打开的状态下启动风机。

（3）关闭放空阀，缓慢开启空气流量调节阀，调节空气流量，观察床层的变化过程。

（4）分别调节空气流量由小到大，再由大到小，测定不同空气流速下，床层温度、床层压力降和床层的高度。

（5）结束实验后，依次开放空阀，关闭空气流量调节阀，关闭风机开关，最后关闭仪器总电源。

2. 注意事项

（1）启动气泵前必须完全打开放空阀。

（2）风机的启动和关闭必须严格遵守操作步骤。

（3）当流量调节值接近临界点时，阀门调节更须精心细微，注意床层的变化。

五、 数据处理

1.记录实验设备和操作的基本参数。

（1）设备参数。

气-固系统；柱体内径 100mm；静床层高度：$H_0 =$ ⬚ mm；分布器形式：

（2）固体颗粒基本参数。

颗粒形状： ⬚ ；平均粒径：$d_p =$ ⬚ mm；

颗粒密度：$\rho_s =$ ⬚ $kg \cdot m^{-3}$；堆积密度：$\rho_b =$ ⬚ $kg \cdot m^{-3}$

（3）流体物性数据。

流体种类：空气；温度 $T =$ ⬚ ℃；密度 $\rho =$ ⬚ $kg \cdot m^{-3}$；黏度 $\mu =$ ⬚ $Pa \cdot s$

2.将测得的实验数据和观察到的现象，参考表 3-1 做详细记录。

表 3-1 数据记录表

编号	
空气流量 $q_V / m^3 \cdot s^{-1}$	
空气空塔速度 $u_0 / m \cdot s^{-1}$	
床层压力降 $\Delta p / mmH_2O$	
床层高度 H / mm	
膨胀比 R	
流化数 K	
实验现象	

3.在双对数坐标纸上标绘 $\Delta p - u_0$ 关系曲线，并求出临界流化速度 $u_{m,f}$。将实验测定值与计算值进行比较，算出相对误差。

4.在双对数坐标纸上标绘固定床阶段的 $\lambda_m - Re_m$ 的关系曲线，将实验测定曲线与由计算值标绘的曲线进行对照比较。

六、 思考题

1.如何判断流化床的操作是否正常？

2.临界流化速度与哪些因素有关？

3.科学就在你身边。本实验中，为了净化离开干燥器的含尘空气，安装了旋风分离器。对于气-固相非均相物系，还有哪些分离方法？我们生活中佩戴的PM2.5口罩、N95口罩是什么工作原理？

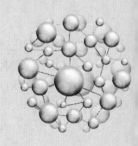

实验 4

管道流体阻力的测定

一、 实验目的

1.测定一定流量下流体的阻力损失。

2.计算直管阻力的摩擦系数 λ 和管件及阀门的局部阻力系数 ζ。

3.进一步掌握离心泵的正确使用方法。

二、 实验原理

实际流体在设备或管路中流动时需克服沿程阻力（直管阻力）和局部阻力，于是产生相应的直管阻力损失和局部阻力损失。正确计算或测量流体阻力损失是管路设计及流体输送设备选型的重要依据。

当不可压缩流体在圆形导管中流动时，在管路系统中任意两个截面之间列出机械能衡算方程为：

$$gZ_1 + \frac{p_1}{\rho} + \frac{u_1^2}{2} = gZ_2 + \frac{p_2}{\rho} + \frac{u_2^2}{2} + \sum h_{fl-2} \tag{4-1}$$

或

$$Z_1 + \frac{p_1}{\rho g} + \frac{u_1^2}{2g} = Z_2 + \frac{p_2}{\rho g} + \frac{u_2^2}{2g} + \sum H_{fl-2} \tag{4-2}$$

式中，Z 为流体的位压头，m 液柱；p 为流体的压力，Pa；u 为流体的平均流速，$m \cdot s^{-1}$；ρ 为流体的密度，$kg \cdot m^{-3}$；$\sum h_{fl-2}$ 为流动系统内因克服阻力造成的能量损失，$J \cdot kg^{-1}$；$\sum H_{fl-2}$ 为流动系统内因克服阻力造成的压头损失，m 液柱。下标 1 和 2 分别表示上游和下游截面的编号。

若：①水作为实验物系，则水可视为不可压缩流体；②实验导管为水平装置，则 $Z_1 = Z_2$；③实验导管的上、下游截面上的横截面积相同，则 $u_1 = u_2$。

因此，式(4-1) 和式(4-2) 分别可简化为：

$$\sum h_{fl-2} = \frac{p_1 - p_2}{\rho} \tag{4-3}$$

$$\sum H_{f1-2}=\frac{p_1-p_2}{\rho g} \tag{4-4}$$

因此，因阻力造成的能量损失（压头损失），可由管路系统的两截面之间的压力差（压头差）来测定。流体在圆形直管内流动时，因摩擦阻力所造成的能量损失（压头损失）可按式（4-5）或式（4-6）计算：

$$\sum h_{f1-2}=\frac{p_1-p_2}{\rho}=\lambda\cdot\frac{l}{d}\cdot\frac{u^2}{2} \tag{4-5}$$

$$\sum H_{f1-2}=\frac{p_1-p_2}{\rho g}=\lambda\cdot\frac{l}{d}\cdot\frac{u^2}{2g} \tag{4-6}$$

式中，d 为圆形直管的直径，m；l 为圆形直管的长度，m；λ 为摩擦系数，无量纲。

实验研究表明：摩擦系数 λ 与流体的密度 ρ 和黏度 μ、管径 d、流速 u 和管壁粗糙度 ε 有关。应用量纲分析的方法，可以得出摩擦系数 λ 与雷诺数 Re 和管壁相对粗糙度 ε/d 存在函数关系，即：

$$\lambda=f(Re、\frac{\varepsilon}{d}) \tag{4-7}$$

通过实验测得的 λ 和 Re 数据可以在双对数坐标上标绘出实验曲线。当 $Re<2000$ 时，λ 与 ε 无关；当流体在直管中呈湍流时，λ 不仅与 Re 有关，而且与 ε/d 有关。

当流体流过管路系统时，因遇各种管件、阀门和测量仪表等而产生局部阻力，所造成的能量损失（压头损失）满足式（4-8）式（4-9）：

$$h'_f=\zeta\frac{u^2}{2} \tag{4-8}$$

$$H'_f=\zeta\frac{u^2}{2g} \tag{4-9}$$

式中，u 为连接管件等的直管中流体的平均流速，$\text{m}\cdot\text{s}^{-1}$；$\zeta$ 为局部阻力系数，无量纲。

由于造成局部阻力的原因和条件极为复杂，各种局部阻力系数的具体数值需要通过实验直接测定。

三、仪器与试剂

实验装置由离心泵、实验管路系统和水槽串联组合而成，如图 4-1 所示。管路系统分别配置光滑管、粗糙管、骤然扩大与缩小管、阀门和孔板流量计。每根实验管测试段长度，即两测压口距离均相同（0.6m）。每条测试管的测压口通过转换阀组与一倒置 U 形压差计连通。孔板流量计的读数由另一倒置 U 形水柱压差计显示。测试介质为水。

四、实验步骤

1. 实验前的准备工作
检查循环水槽中的水位，将水灌满循环水槽。
2. 实验操作
（1）实验导管排气。在实验导管入口调节阀关闭的状态下启动循环水泵。待泵运转正常

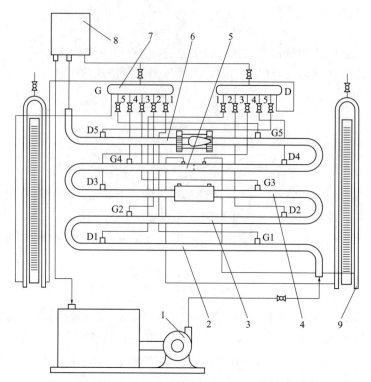

图 4-1 管路流体阻力实验装置流程
（此装置图参照新华教仪流体阻力实验仪绘制）
1—循环水泵；2—光滑实验管；3—粗糙实验管；4—扩大与缩小实验管；
5—孔板流量计；6—阀门；7—转换阀组；8—水槽；9—倒置 U 形压差计

后，先将实验导管中的旋塞阀全部打开，然后缓慢开启实验导管的入口调节阀，使水流满整个实验导管。

（2）排除实验导管和连接管线中的气泡。在水流动的条件下，先将两个总放空阀打开，然后依次打开与连接管线相连的转换阀组中的测压口旋塞排气，直至排净连接管线中的气泡，关闭各旋塞。

（3）调节流量压差计量程。关闭流量调节阀，打开流量指示压差计顶部的放空阀，用吸耳球向压差计中压入空气，直至水柱高度调至标尺中间部位，并且左右两端液位高度一致，关闭顶部放空阀。

（4）调节阻力损失压差计水柱高度。在流量调节阀关闭，两个总放空阀和转换阀组上的一对旋塞开启的条件下，打开阻力损失压差计顶部的放空阀，用吸耳球向压差计中压入空气，当压差计中的水柱高度居于标尺中间部位，并且左右两端液位高度一致时，关闭压差计顶部的放空阀、总放空阀及旋塞。

（5）分配数据点。缓慢开启调节阀并调节流量，在孔板流量计的压差计最大指示范围内取 7～8 个流量数据点。

（6）在某一流量下，将转换阀组中与需要测定管路相连的一组旋塞置于全开位置，保证测压口与倒置 U 形水柱压差计接通，记录压差计显示液柱高度差。

（7）将转换阀组由一组旋塞切换为另一组旋塞，测定其他管路压力降。例如，将 G1 和 D1 一组旋塞关闭，打开另一组 G2 和 D2 旋塞。此时，压差计与 G1 和 D1 测压口断开，而与 G2 和 D2 测压口接通，压差计显示读数即为第二支测试管的压力降。依此类推。

（8）改变流量，重复上述操作，测得各种实验导管中不同流速下的压力降。每测定一组流量与压力降数据，同时记录水的温度。

（9）关闭试验系统。首先关闭流量阀，再关闭离心泵。

3. 注意事项

（1）实验前，务必将系统内存留的气泡排除干净，否则不能保证实验效果准确。

（2）应按流量由大到小和由小到大的顺序分别测定一次，每个流量下的数据取平均值。

（3）在实验导管入口调节阀关闭的状态下启动或者关闭循环水泵。

五、 数据处理

1. 实验基本参数：实验导管的内径 $d = 17\text{mm}$；实验导管的测试段长度 $l = 600\text{mm}$；粗糙管的粗糙度 $\varepsilon = 0.4\text{mm}$；粗糙管的相对粗糙度 $\varepsilon/d = 0.0235$；孔板流量计的孔径 $d_0 = 11\text{mm}$；旋塞的孔径 $d_v = 12\text{mm}$；孔流系数 $C_0 = 0.6613$。

2. 在实验前须完成孔板流量计的流量标定曲线。

3. 参考表 4-1 进行实验数据记录。

表 4-1 数据记录表 1

编号	
孔板流量计的压差计读数 $R/\text{mmH}_2\text{O}$	
水的流量 $q_V/\text{m}^3 \cdot \text{s}^{-1}$	
水的温度 $T/℃$	
水的密度 $\rho/\text{kg} \cdot \text{m}^{-3}$	
水的黏度 $\mu/\text{Pa} \cdot \text{s}$	
光滑管压头损失 $H_{f1}/\text{mmH}_2\text{O}$	
粗糙管压头损失 $H_{f2}/\text{mmH}_2\text{O}$	
扩大与缩小管压头损失 $H_{f3}/\text{mmH}_2\text{O}$	
孔板流量计压头损失 $H_{f4}/\text{mmH}_2\text{O}$	
旋塞压头损失(全开)$H_{f5}/\text{mmH}_2\text{O}$	

4. 参考表 4-2 进行数据整理。

表 4-2 数据记录表 2

编号	
水的流速 $u/\text{m} \cdot \text{s}^{-1}$	
雷诺数 Re	
光滑管摩擦系数 λ_1	
粗糙管摩擦系数 λ_2	
扩大与缩小管局部阻力系数 ζ_1	
孔板流量计局部阻力系数 ζ_2	

续表

编号	
旋塞的局部阻力系数 ζ_3	

5.标绘 $\lambda\text{-}Re$ 实验曲线，求出管件、阀门的局部阻力系数。

六、 思考题

1.实验中是如何得到扩大缩小管、孔板流量计、旋塞的局部阻力损失的？

2.为什么根据实验数据所绘出的 $\lambda\text{-}Re$ 实验曲线不是一条光滑的有规律的曲线？

3.传说在中国古代，黄河流域水灾成患，在禹之前多采用"水来土挡"的策略治水，结果屡屡治水失败；而禹采取了"疏通河道，拓宽峡口"的引流方法，结果治水成功。同时，禹提倡"治水须顺水性，水性就下，导之入海"、"高处凿通，低处疏导"的治水思想，试分析，这其中隐含着什么科学道理？（提示：流体的连续性方程、机械能守恒定律。）请思考：在现实生活中，我们应该如何崇尚科学，反对愚昧？

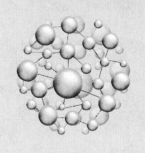

实验 5

液-液热交换总传热系数及膜系数的测定

一、实验目的

1.通过研究一定传热面积的套管换热器中冷水与热水的间壁传热过程，测定套管换热器中液-液热交换过程的总传热系数以及流体与管壁的传热（给热）膜系数。

2.利用相应的传热系数的关联式计算传热膜系数的理论值。

3.加深对传热过程基本原理的理解，掌握用转子流量计测量流量的方法，了解用热电偶测量温度的方法。

二、实验原理

传热是一种重要的单元操作，而应用最广泛的是两种流体的间壁传热。传热设计主要包括两种：一种是针对一定换热任务，计算应需的传热面积；另一种是针对一定传热面积的换热器，测定、计算在某些操作条件下的总传热系数或某一侧给热膜系数，并将实验测定结果与求取传热膜系数的关联式的理论结果进行对比，从而取得总传热系数或给热膜系数的经验数据。

冷、热流体的间壁换热过程可以分为给热—导热—给热三个串联过程。若热流体在套管热交换器管内流过，而冷流体在管外流过，设备两端测试点的温度如图 5-1 所示。

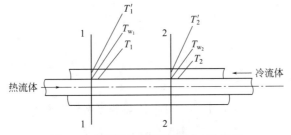

图 5-1 套管换热器两端测试点的温度

T_1，T_1'，T_{w_1} 分别为在换热器 1 截面处热流体、冷流体、套管内壁面的温度；

T_2，T_2'，T_{w_2} 分别为在换热器 2 截面处热流体、冷流体、套管内壁面的温度在单位时间内热流体向冷流体传递的热量可由热流体的热量衡算方程表示：

$$\phi = q_m C_P (T_1 - T_2) \tag{5-1}$$

对于整个换热器而言，总的传热速率方程为：

$$\phi = KA\Delta T_m \tag{5-2}$$

式中，ϕ 为传热速率，$J \cdot s^{-1}$ 或 W；q_m 为热流体的质量流率，$kg \cdot s^{-1}$；C_P 为热流体的平均比热容，$J \cdot kg^{-1} \cdot K^{-1}$；$K$ 为传热总系数，$W \cdot m^{-2} \cdot K^{-1}$；$A$ 为传热面积，m^2；ΔT_m 为两流体之间的平均温度差，K。若 ΔT_1 和 ΔT_2 分别为热交换器 1 端与 2 端热流体与冷流体之间的温度差，即：

$$\Delta T_1 = T_1 - T_1' \tag{5-3}$$

$$\Delta T_2 = T_2 - T_2' \tag{5-4}$$

则平均温度可按下式计算：

当 $\dfrac{\Delta T_1}{\Delta T_2} > 2$ 时
$$\Delta T_m = \frac{\Delta T_1 - \Delta T_2}{\ln \dfrac{\Delta T_1}{\Delta T_2}} \tag{5-5}$$

当 $\dfrac{\Delta T_1}{\Delta T_2} \leqslant 2$ 时
$$\Delta T_m = \frac{\Delta T_1 + \Delta T_2}{2} \tag{5-6}$$

由式（5-1）、式（5-2）联立求解，可得传热总系数的计算公式：

$$K = \frac{q_m C_P (T_1 - T_2)}{A \Delta T_m} \tag{5-7}$$

两侧流体与固体壁面的给热速率基本方程为：

$$\phi = \alpha_1 A_w (T - T_w) \tag{5-8}$$

$$\phi = \alpha_2 A_w' (T_w' - T') \tag{5-9}$$

根据 1 与 2 两截面处的边界条件，经数学推导，同理可得出管内热流体与管内壁面给热过程的总给热速率计算式：

$$\phi = \alpha_1 A_w \Delta T_m' \tag{5-10}$$

式中，α_1 与 α_2 分别为内管壁面两侧的传热膜系数，$W \cdot m^{-2} \cdot K^{-1}$；$A_w$ 与 A_w' 分别为管的内壁面和外壁面表面积，m^2；T 与 T' 分别为换热器某截面上热流体和冷流体的温度，K；T_w 与 T_w' 分别为管的内壁面和外壁面的温度，K；$\Delta T_m'$ 为热流体与内壁面之间的平均温度差，K。

$\Delta T_m'$ 可按下式计算：

当 $\dfrac{T_1 - T_{w1}}{T_2 - T_{w2}} > 2$ 时
$$\Delta T_m' = \frac{(T_1 - T_{w_1}) - (T_2 - T_{w_2})}{\ln \dfrac{(T_1 - T_{w_1})}{(T_2 - T_{w_2})}} \tag{5-11}$$

当 $\dfrac{T_1 - T_{w_1}}{T_2 - T_{w_2}} \leqslant 2$ 时
$$\Delta T_m' = \frac{(T_1 - T_{w_1}) + (T_2 - T_{w_2})}{2} \tag{5-12}$$

由式（5-1）、式（5-10）联立求解，可得传热膜系数的计算公式：

$$\alpha_1 = \frac{q_m C_P (T_1 - T_2)}{A_w \Delta T_m'} \tag{5-13}$$

同理也可得到管外给热过程的传热膜系数的类同计算公式。

流体在圆形直管内做强制对流时，传热膜系数 α 与各项影响因素之间的关系可用如下关联式表示：

$$Nu = ARe^m Pr^n \tag{5-14}$$

式中，$Nu = \dfrac{\alpha d}{\lambda}$，努塞尔数（Nusselt number）；$Re = \dfrac{du\rho}{\mu}$，雷诺数（Reynolds number）；

$Pr = \dfrac{C_P\mu}{\lambda}$，普兰特数（Prandtl number）。

上面关联式中，A 和指数 m、n 的具体数值需要通过实验测定。实验测得 A、m、n 数值后，则传热膜系数可由该公式计算。例如：

流体在圆形直管内做强制湍流时：$Re > 10000$；$Pr = 0.7 \sim 160$；$l/d > 50$。

在流体被冷却时，α 可按下列公式计算：

$$Nu = 0.023Re^{0.8}Pr^{0.3} \tag{5-14a}$$

或

$$\alpha = 0.023\frac{\lambda}{d}\left(\frac{du\rho}{\mu}\right)^{0.8}\left(\frac{C_P\mu}{\lambda}\right)^{0.3} \tag{5-14b}$$

而在流体被加热时：

$$Nu = 0.023Re^{0.8}Pr^{0.4} \tag{5-15a}$$

或

$$\alpha = 0.023\frac{\lambda}{d}\left(\frac{du\rho}{\mu}\right)^{0.8}\left(\frac{C_P\mu}{\lambda}\right)^{0.4} \tag{5-15b}$$

当流体在套管环隙内做强制湍流时，各式中的 d 可用当量直径 d_e 代替，各项物性常数均取流体进出口平均温度下的数值。

三、仪器与试剂

实验装置（如图 5-2 所示）主要由套管热交换器、热水恒温循环水槽、高位稳压水槽以

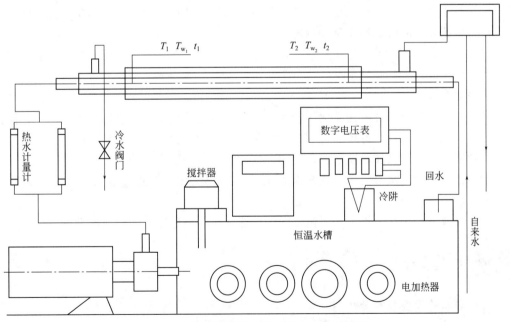

图 5-2 套管换热器液-液热交换实验装置流程
（此装置图参照新华教仪液-液套管换热装置绘制）

及一系列测量和控制仪表组成。套管内为热水，套管环隙中为冷却水。套管热交换器由一根 $\phi12mm\times1.5mm$ 的黄铜管作为内管、$\phi20mm\times0.2mm$ 的有机玻璃管作为管套所构成，并在外面套一根 $\phi22mm\times2.5mm$ 的有机玻璃管作为保温管。套管热交换器两端测温点之间的距离为 1000mm。每个检测端上在管内、管外和管壁内设置三只铜-康铜热电偶，并通过转换开关与电压表相接用以测量管内、管外的流体温度和管内壁的温度。

热水由循环水泵从恒温水槽送入管内，然后经过转子流量计计量流量后返回槽内。恒温循环水槽中用电热器补充热水在热交换器中移去的热量，并控制恒温。冷水由自来水管直接送入高位稳压水槽，再由稳压水槽经过套管的环隙，高位稳压水槽排出的溢流水和由换热管排出被加热后的水均排入下水道。

四、 实验步骤

1. 实验前的准备工作

（1）向恒温循环水槽灌入蒸馏水或软水，直至溢流管有水溢出为止。

（2）将冰碎成细颗粒，放入冷阱中并掺入少许蒸馏水，使之呈粥状，将热电偶冷接点插入冰水中，盖严盖子。

2. 实验操作

（1）向套管换热器内通入冷却水，并保证其在实验过程中流量恒定。具体过程为：开启并调节通往高位稳压水槽的自来水阀门，使槽内充满水，溢流管有水流出。

（2）在热水流量为零的条件下，启动循环水泵，开启并调节热水调节阀使热水在一定流量下循环。

（3）启动加热器，使水箱内热水温度达到预先设定值（约50℃）。

（4）在最大范围内选取若干热水流量值（一般为7组测试数据），进行实验测定。每调节一次热水流量，待温度和流量均恒定后，再通过琴键转换开关，依次测定各点温度。

（5）按照相反的流量顺序重复测定。

（6）实验完毕，先关闭加热器；待循环热水降温后，在热水流量为零的条件下关闭循环水泵；最后关闭自来水阀门。

3. 注意事项

（1）开始实验时，必须先向换热器通冷水，然后启动热水泵，最后启动加热器。停止实验时，必须先停电热器，待热交换器管内存留热水被冷却后，再停水泵，最后停止通冷水。

（2）启动恒温水槽加热器之前，必须先启动循环水泵使水流动。

（3）在启动循环水泵之前，必须先将热水调节阀关闭，泵运行正常后，再慢慢开启调节阀。

（4）每改变一次热水流量，一定要保证传热过程达到稳定后才能测取数据。

五、 数据处理

1. 记录实验设备基本参数

（1）实验设备型式和装置方式：水平装置套管式热交换器。

（2）内管基本参数。

质材：黄铜；外径 $d=12\text{mm}$；壁厚 $\delta=1.5\text{mm}$；测试段长度 $L=1\text{m}$。

（3）套管基本参数。

质材：有机玻璃；外径 $d'=20\text{mm}$；壁厚 $\delta'=2\text{mm}$。

2. 实验数据记录

参考表 5-1 进行实验数据记录。

表 5-1　数据记录表 1

编号	热水流量	热电势 E/mV					
		测试截面 1			测试截面 2		
	$q_\text{m}/\text{kg}\cdot\text{s}^{-1}$	E_1	E_{w_1}	E_1'	E_2	E_{w_2}	E_2'

3. 实验数据整理

（1）计算总传热系数（参考表 5-2）。

表 5-2　数据记录表 2

编号	管内流速 $u/\text{m}\cdot\text{s}^{-1}$	流体间温度差/K			传热速率 ϕ/W	总传热系数 $K/\text{W}\cdot\text{m}^{-2}\cdot\text{K}^{-1}$
		ΔT_1	ΔT_2	ΔT_m		

（2）计算管内传热膜系数 α（参考表 5-3）。

表 5-3　数据记录表 3

编号	管内流速 $u/\text{m}\cdot\text{s}^{-1}$	流体与壁面间温度差/K			传热速率 ϕ/W	管内传热膜系数 $\alpha/\text{W}\cdot\text{m}^{-2}\cdot\text{K}^{-1}$
		$T_1-T_{\text{w}_1}$	$T_2-T_{\text{w}_2}$	$\Delta T_\text{m}'$		

（3）用关联式法计算管内传热膜系数（参考表 5-4）。

表 5-4　数据记录表 4

编号	热水定性温度 $[(T_1+T_2)/2]/\text{K}$	流体密度 $\rho/\text{kg}\cdot\text{m}^{-3}$	流体黏度 $\mu/\text{Pa}\cdot\text{s}$	流体热导率 $\lambda/\text{W}\cdot\text{m}^{-1}\cdot\text{K}^{-1}$	管内流速 $u/\text{m}\cdot\text{s}^{-1}$	传热膜系数 $\alpha/\text{W}\cdot\text{m}^{-2}\cdot\text{K}^{-1}$	雷诺数 Re	努塞尔数 Nu	普兰特数 Pr

水平管内传热膜系数的关联式为：$Nu=ARe^mPr^n$。

注：在实验测定温度范围内，Pr 数值变化不大，可取其平均值，并将 Pr^n 视为定值与 A 合并。因此，上式可写为：$Nu=BRe^m$。两边取对数，使之线性化，即：

$$\lg Nu=m\lg Re+\lg B$$

因此，可将 Nu 和 Re 的实验数据直接在双对数坐标纸上进行标绘，由实验曲线的斜率和截距估计参数 B 和 m，或者用最小二乘法进行线性回归，估算参数 B 和 m。

取 Pr 均值为定值，且 $n=0.3$，由 B 计算得到 A 值。最后列出参数估计值：

$B=$　　　　　　；$m=$　　　　　　；$A=$

六、 思考题

1. 为计算传热过程总传热系数 K、热流体与管壁的给热膜系数 α_1、冷流体与管壁的给热膜系数 α_2，实验中应测定哪些传热过程参数？如何完成实验？

2. 实验中如何判断传热过程是否已达到平衡？

3. 实验操作中影响 K 和 α 的主要因素有哪些？

4. 本实验所涉及的两种流体的间壁传热过程，各速率方程与总传热速率方程的得出均离不开傅里叶定律。我们所熟知的"傅里叶变换""傅里叶级数""傅里叶分析"等理论，都与法国科学家让·巴普蒂斯·约瑟夫·傅里叶有关。你了解这位科学巨星的艰辛成长之路吗？如果你想走近他，请阅读相关材料，并思考我们应该如何学习他始终以执着的态度坚守科学的精神？

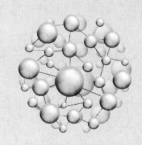

实验 6

连续填料精馏柱分离能力的测定

一、 实验目的

1.以一定形式的填料塔为例,了解填料塔的结构、操作以及分离原理。

2.实验测定一定回流比以及不同上升蒸汽流速、回流液体流速下,一定高度的填料塔对乙醇-正丙醇二元混合体系的分离能力。

3.掌握实验室连续精密蒸馏的操作技术和实验研究方法。

二、 实验原理

精密蒸馏(简称精馏)是一种重要的传质单元操作,在实验室以及工业生产中用以分离有较大挥发性差异的液体混合物。完成精馏分离单元操作的设备有板式塔与填料塔两大类。精馏塔分离能力的测定与评价多采用正庚烷-甲基环己烷理想二元混合液、乙醇-正丙醇二元混合液、乙醇-水二元混合液作为实验物系,在不同操作条件下测定填料精馏柱的等板高度(当量高度),并以精馏柱的利用系数作为优化目标,寻求精馏柱的最优操作条件。

连续填料精馏分离能力的影响因素可归纳为三个方面:一是物性因素,如物系及其组成、汽液两相的各种物理性质等;二是设备结构因素,如塔径与塔高,填料的形式、规格、材质和填充方法等;三是操作因素,如上升蒸汽速度、回流液体速度、进料状况和回流比等。在既定的设备和物系中影响分离能力的主要操作变量为上升蒸汽速度、回流液体速度和回流比。

在全回流条件下,表征在不同上升蒸汽速度和回流液体速度下的填料精馏塔分离性能,常以每米填料高度所具有的理论塔板数,或者与一块理论塔板相当的填料高度,即等板高度(HETP),作为主要指标。

在一定回流比下,连续精馏塔的理论塔板数可采用逐板计算法(Lewis-Matheson 法)或图解计算法(McCabe-Thiele 法)。

在全回流下,理论塔板数可由逐板计算法导出简单公式,称为芬斯克(Fenske)公式进行计算,即:

$$N_{T,0} = \frac{\ln\left[\left(\frac{x_d}{1-x_d}\right)\left(\frac{1-x_w}{x_w}\right)\right]}{\ln\alpha} - 1 \qquad (6\text{-}1)$$

式中，相对挥发度 α 采用塔顶与塔底的相对挥发度的几何平均值，即：

$$\alpha = \sqrt{\alpha_d \alpha_w} \qquad (6\text{-}2)$$

式中，x_d 为塔顶轻组分摩尔分数；x_w 为塔底轻组分摩尔分数；α 为相对挥发度；$N_{T,0}$ 为连续精馏全回流下最小理论塔板数；α_d 为塔顶温度下相对挥发度；α_w 为塔底温度下相对挥发度。

在全回流或不同回流比下等板高度 h_e 可分别按式（6-3）和式（6-4）计算：

$$h_{e,0} = \frac{h}{N_{T,0}} \qquad (6\text{-}3)$$

$$h_e = \frac{h}{N_T} \qquad (6\text{-}4)$$

式中，h 为填料层高度，m；$h_{e,0}$ 为全回流下等板高度，m；h_e 为一定回流比下的等板高度，m；N_T 为一定回流比下的理论塔板数。

当填料层高度一定时，在全回流下测得的理论塔板数最多，等板高度最小，即分离能力最强。因而，在实验评比精馏分离能力时，多在全回流条件下进行。在不同上升蒸汽流速、回流液体流速下测得的理论塔板数越多，等板高度越小，分离效果越好。

为了表征连续精馏柱部分回流时的分离能力，在部分回流下可采用塔板利用系数作为评价指标。精馏柱的利用系数为在部分回流条件下测得的理论塔板数 N_T 与在全回流条件下测得的最大理论塔板数的比值，或者为上述两种条件下分别测得的等板高度之比，即：

$$K = \frac{N_T}{N_{T,0}} = \frac{h_e}{h_{e,0}} \qquad (6\text{-}5)$$

式中，K 为塔板利用系数；N_T 为一定回流比下的理论塔板数。

K 不仅与回流比有关，还与塔内上升蒸汽速度有关。因此，在实际操作中，应选择适当的操作条件，以获得适宜的利用系数。

三、仪器与试剂

实验装置由连续填料精馏柱和精馏塔控制仪两部分组成，实验装置流程及其控制线路如图 6-1 所示。

连续填料精馏装置由精馏柱、分馏头（全凝器）、再沸器、原料液高位瓶、原料液预热器、回流比控制器、单管压差计、塔顶、塔釜温度测量与显示系统、塔顶产品收集器、塔釜产品收集器等部分组成。柱顶冷凝器用水冷却。被分离体系可取正庚烷-甲基环己烷理想二元混合液、乙醇-正丙醇二元混合液或乙醇-水二元混合液。

四、实验步骤

实验中可参考采用乙醇-正丙醇物系，并按体积比 1∶3 配制成实验液。产品组成利用阿贝折射仪测定折射率计算获得。

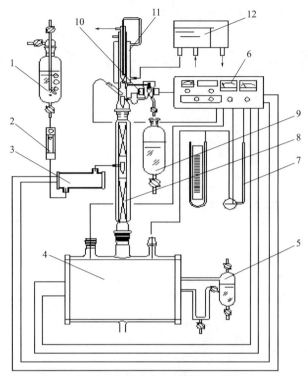

图 6-1 填料塔连续填料精馏装置
(此装置图参照新华教仪连续精馏装置绘制)

1—原料液高位瓶；2—转子流量计；3—原料液预热器；4—蒸馏釜；5—釜液受器；6—控制仪；7—单管压差计；
8—填料精馏柱；9—馏出液受器；10—回流比调节器；11—分馏头（全凝器）；12—冷却水高位槽

1. 实验操作

(1) 液泛操作。将配制好的实验液分别加入再沸器和高位料液瓶。向冷凝器通入恒定流量的冷却水，保持溢流槽中有一定溢流。打开控制仪的总电源开关，设置再沸器的加热电压，使再沸器内料液缓慢加热至沸。逐渐增大加热功率并延长加热时间，使精馏塔内汽、液流速缓慢增加，直至出现液泛现象，记下液泛时的釜压，作为选择操作条件的依据，然后降低加热电压，使溶液保持微沸。

(2) 在全回流，不同上升蒸汽流速（或釜压）下的操作。调节加热功率，分别将釜压控制在液泛釜压的 40%、60%、80% 处，待操作稳定后，分别从塔顶和塔底采样分析，至少平行测定两次，直至测定结果平行为止。

(3) 部分回流操作（选做）。调节回流比，在一定回流比下进行精馏操作，待操作稳定后，分别从塔顶和塔底采样分析，至少平行测定两次，直至测定结果平行为止。

(4) 关机操作。先关闭加热系统，待回流装置中无液回流后再关闭冷却水。

2. 注意事项

(1) 在采集分析试样前，一定要有足够的稳定时间。只有当观察到各点温度和釜压恒定后，才能取样分析，并以分析数据恒定为准。

(2) 为保证上升蒸汽的充分冷凝及回流量保持恒定，冷却水的流量要充足并维持恒定。

(3) 预液泛不要过于猛烈，以免影响填料层的填充密度，更须切忌将填料冲出塔体。

(4) 再沸器和预热器液位始终要保持在加热棒以上，以防设备烧裂。

(5) 实验完毕后，应先关掉加热电源，待物料冷却后，再停冷却水。

（6）测定样品折射率时，注意保持温度恒定。

五、 数据处理

1. 测量并记录实验基本参数

（1）设备基本参数。

填料柱的内径：$d = 25\text{mm}$；精馏段填料层高度：$h_R = \quad\quad$ mm
提馏段填料层高度：$h_s = \quad\quad$ mm

填料形式及填充方式：不锈钢 θ 形多孔压延填料（乱堆）、瓷拉西环填料（乱堆）、金属丝网 θ 环填料（乱堆）、玻璃弹簧填料（乱堆）。

（2）实验液及物性数据。

实验物系：A 为 $\quad\quad\quad$ B 为

实验液组成：

实验液的泡点温度：

各纯组分的摩尔质量：$M_A = \quad\quad\quad$ $M_B =$

各纯组分的沸点：$T_A = \quad\quad\quad$ $T_B =$

各纯组分的折射率（室温下）：$D_A = \quad\quad\quad$ $D_B =$

混合液组成与折射率的关系：$D_m = D_A x_A + D_B \cdot x_B$

2. 实验数据记录

对于全回流下汽液流速（蒸馏釜釜压）对分离能力影响测定，数据可参考表 6-1 记录。

表 6-1　数据记录表 1

实验内容	
釜内压力 $p/\text{mmH}_2\text{O}$	
柱顶蒸汽温度 $T_d/℃$	
釜残液温度 $T_w/℃$	
馏出液折射率 D_d	
馏出液组成 $x_d/\%$	
釜残液折射率 D_w	
釜残液组成 $x_w/\%$	
柱顶相对挥发度 α_d	
柱底相对挥发度 α_w	
平均相对挥发度 α	

3. 实验数据整理（参考表 6-2）

表 6-2　数据记录表 2

实验内容	
釜内压力 $p/\text{mmH}_2\text{O}$	
全回流塔理论塔板数 $N_{T,0}/$块	
等板高度 $h_{e,0}/\text{mm}$	

六、 思考题

1. 精馏操作为什么需要回流？

2. 利用折射率求溶液浓度时，样品的测量温度对结果是否有影响？

3. 如何判断精馏操作是否稳定？

4. 深入理解热力学第二定律在精馏分离提纯中的应用，认识科学的魅力。本实验中为了实现液体混合物的分离，要求液体混合物必须有哪种物理性质的差异？需要消耗哪种形式的能量？

实验 7

气-固相内循环反应器的无梯度检验

一、 实验目的

1.掌握实验中以阶跃激发-响应技术中的清洗法测定内循环反应器的停留时间分布规律，对内循环反应器进行无梯度检验，以便确定实现无梯度操作的边界条件的实验方法。

2.掌握影响反应器流动模型的因素，加深对反应器流动模型实质的理解。

二、 实验原理

气-固相催化反应常用的反应器从产物浓度变化以及物料流动方式上可分为：微分反应器、积分反应器和循环反应器，循环反应器又分为外循环反应器和内循环反应器两大类。无论采用何种类型的反应器，在其用于研究反应过程之前，都应事先通过实验确定其流动模型。对于微分反应器和积分反应器，其流动模型一般控制为活塞流；对于循环反应器一般在全混流状况下进行实验研究。

气-固相催化反应在全混流状况下运行时可消除催化剂层中的浓度梯度和温度梯度，即实现无梯度，因此，内循环反应器在气-固催化反应过程的研究中应用很广。采用内循环反应器进行反应过程研究之前，应先通过反应器停留时间分布测定，寻找使反应器达到理想全混流模型的操作条件，即实现无梯度实验操作条件。

在反应器停留时间分布测定实验中，根据示踪剂加入的方式不同，测定方法分为脉冲激发-响应法、阶跃激发-响应法两种。前者示踪剂以一个脉冲信号形式加入，而后者是以阶梯信号形式加入。阶跃法又分为阶跃加入法和阶跃清洗法。阶跃加入法是在某一瞬间时，在反应器入口处，向定常态流动的主气流中突然加入稳定流量的示踪气体，与此同时，在反应器出口处连续测定主气流中示踪气体的浓度随时间的变化。阶跃清洗法的操作步骤恰好与阶跃加入法相反，即在入口处突然中断主气流中的示踪气体，同时测定出口气体中示踪气体的浓度随时间的变化。

对于全混流反应器，停留时间分布规律用停留时间分布函数 $F(t)$ 与停留时间 t 的变化关系来描述，称为停留时间分布曲线，如图 7-1 所示。

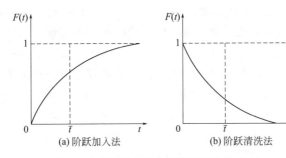

图 7-1　全混流模型的停留时间分布曲线

通过对全混流反应器中的示踪粒子进行物料衡算，可以得到全混流反应器的流动模型。

气体流过反应器达到了全混流，则反应器内各处的浓度必定相等，并且与反应器出口处的浓度完全相同，若采用清洗法测定停留时间分布，并设定：反应器的流通体积（即反应体积）为 V_R，物料进入反应器的体积流率为 $q_{V,0}$，物料流出反应器的体积流率为 q_V，入口物料中示踪物的浓度为 c_0，出口物料中示踪物的浓度为 $c(t)$。

则从反应器入口处含有示踪物浓度 $c_0 = c_{max}$ 的物料切换为不含有示踪物的物料流（即 $c_0 = 0$）的瞬时算起，直至出口物料流中示踪物的浓度逐渐由 $c(t) = c_{max}$ 降为 $c(t) = 0$ 时为止，在此期间内的某一时刻取时间间隔 dt，对示踪物进行物料衡算，可得物料衡算式：

$$q_{V,0} c_0 - q_V c(t) = \frac{V_R \, dc(t)}{dt} \tag{7-1}$$

由于入口物料流中示踪物的浓度 $c_0 = 0$，则上式经整理后可得：

$$\frac{-dc(t)}{c(t)} = \frac{q_V}{V_R} dt \tag{7-2}$$

按下列边界条件积分上式：当 $t = 0$ 时，出口处瞬时浓度 $c(t=0) = c_{max}$；当 $t = t$ 时，出口处瞬时浓度为 $c(t)$。

$$-\int_{c_{max}}^{c(t)} \frac{dc(t)}{c(t)} = \frac{q_V}{V_R} \int_0^t dt \tag{7-3}$$

可得：

$$-\ln\left[\frac{c(t)}{c_{max}}\right] = \frac{q_V}{V_R} t \tag{7-4}$$

对于定常、恒容、进出口无返混的流动体系，$q_V = q_{V,0}$，$V_R / q_{V,0} = \bar{t}$，并且已知停留时间分布函数 $F(t) = c(t)/c_{max}$，则上式又可表示为：

$$-\ln F(t) = \frac{t}{\bar{t}} \tag{7-5}$$

可见，反应器达到全混流时，$-\ln F(t)$ 与 t 呈线性关系，且回归直线的斜率等于 $1/\bar{t}$。

若以无量纲时间 θ 为时标，且已知 $F(\theta) = F(t)$，则上式又可表示为：

$$\theta = \frac{t}{\bar{t}} \tag{7-6}$$

$$-\ln F(\theta) = \theta \tag{7-7}$$

可见，反应器达到全混流时，$-\ln F(\theta)$ 呈 θ 线性关系，且回归直线的斜率等于 1。

因此，用清洗法测得的停留时间分布实验数据标绘成 $-\ln F(t)$-t 曲线，或者 $-\ln F(\theta)$-

θ 曲线，即可由曲线的线性相关性（要求 $r \geq 0.99$）和直线的斜率（接近于 1）来检验判断反应器在该操作条件下是否实现了全混流，即反应器内是否实现了浓度和温度的无梯度。

实验中以氮气为主流气体，氢气为示踪气体，并采用热导鉴定器检测反应器出口示踪气体的浓度随时间变化的关系，若采用计算机直接采集数据，且已知示踪物浓度 $c(t)$ 与测得的毫伏值 $U(t)$ 呈过原点的线性关系，则：

$$t = n/u \tag{7-8}$$

$$F(t) = \frac{c(t)}{c_{max}} = \frac{U(t)}{U_{max}} \tag{7-9}$$

式中，n 为数据采集累计次数，次；u 为数据采集频率，次·秒$^{-1}$。

实验中记录仪输出实验曲线如图 7-2 所示。依据式（7-6）将 t 转换为 θ。对于阶梯法，$\bar{t}$ 的计算可参照下式。

$$\bar{t} = \frac{\sum_{0}^{n} t_i \cdot \Delta F(t)}{\sum_{0}^{n} \Delta F(t)} = \frac{\sum_{i=1}^{n} t_i \cdot [F(t_i) - F(t_{i-1})]}{\sum_{i=1}^{n} [F(t_i) - F(t_{i-1})]} \tag{7-10}$$

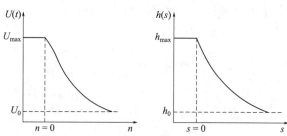

图 7-2　清洗法测得实验曲线

将测得的原始数据换算后，标绘出 $-\ln F(t)$-t 和 $-\ln F(\theta)$-θ 曲线，根据标绘的曲线的线性相关程度和斜率进行检验判断，若实验数据点完全落在一条直线上，也即相关系数接近于 1，且 $-\ln F(\theta)$-θ 关系曲线与斜率为 1 的直线完全重合，则反应器内的浓度分布达到了无梯度，否则未能达到无梯度。

三、仪器与试剂

实验装置（如图 7-3 所示）由内循环反应器、气路控制箱、电路控制箱和配置有 A/D 转换板的计算机四部分组成。氮气来自氮气钢瓶，氢气来自氢气钢瓶。主流氮气来自氮气钢瓶，经减压阀和稳压阀导入反应器的气体入口。自反应器出口排出的气体，其中一路主气流经气体流量计计量后放空；另一路通过导热池的工作臂，再经气体流量计计量后放空。导热池参考臂所需的气体，直接来自氮气钢瓶。先经减压阀和稳压阀，经气体流量计计量后放空。示踪气体来自氢气钢瓶，经气体流量计计量后，通过截止阀的切换，可将一定量的示踪气体加入或者停止加入到主气流中。进口气体中示踪气体的浓度变化用热导鉴定器进行检测。检测信号通过接口输入计算机。

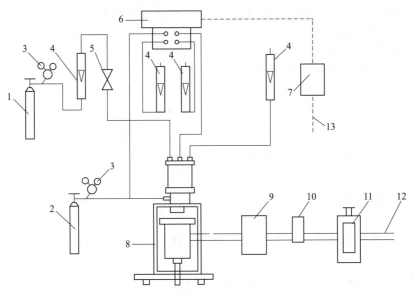

图 7-3 气-固相内循环反应器的无梯度检验实验装置流程
(此装置图参照新华教仪气体停留时间分布装置绘制)
1—氢气钢瓶；2—氮气钢瓶；3—减压阀；4—流量计；5—截止阀；6—热导池；7—A/D转换板；
8—内循环反应器；9—整流器；10—转速表；11—转速器；12—接电源；13—接计算机

四、实验步骤

1. 实验操作

（1）打开氮气与氢气钢瓶，经减压、稳压后调节压力为实验所需值。

（2）调节氮气流量：主流氮气流量范围为 $400\sim800\text{mL}\cdot\text{min}^{-1}$；热导池参考臂气体流量范围为 $40\sim80\text{mL}\cdot\text{min}^{-1}$；热导池工作臂气体流量范围为 $40\sim80\text{mL}\cdot\text{min}^{-1}$。

（3）待各路流量稳定后，打开电路系统和计算机。启动计算机及实验数据采集程序，待用。设置检测器工作电流，使热导池工作电压介于 $8\sim9\text{V}$ 之间。需稳定 30min 后方可进行以下操作。

（4）在一定主流气体流量下，按下列步骤用清洗法测定停留时间分布：

① 在 $1000\sim2000\text{r}\cdot\text{min}^{-1}$ 范围内，调定搅拌转速；

② 调节示踪气体氢气的流量，保证检测到的热导池输出信号介于 $900\sim1000\text{mV}$ 之间，且保持恒定；

③ 待 $U_{\max}$ 稳定不变后快速关闭氢气截止阀，同时按下数据采集指令键；

④ 待热导池输出电压降至基线位置，按下终止数据采集命令，将采集到的数据赋予文件名（8 位以下字母或数字）后存入待用；

⑤ 改变搅拌速率，重复上述实验步骤。注意：调定搅拌速率后，必须重新检查和调整池平衡。

（5）改变主流气体流量，重复进行实验，由此可测得一系列不同流量和转速下的停留时间分布曲线。

通过上述一系列的实验可寻求反应器实现无梯度的最大流量和最低搅拌转速。

（6）实验数据采集和处理完毕之后，按以下步骤进行停机操作：

① 将搅拌转速调回零点；

② 关掉电路系统电源开关；

③ 先关闭钢瓶总阀门，然后关闭各路气体调节阀；

④ 记录数据，最后关闭计算机电源开关。

2. 注意事项

（1）开机时，必须先通气，后通电；关机时，必须先断电，后断气。以此保证热导池在有气体流通的状态下运行，防止烧毁热导池。

（2）为了保证热导检测器的工作性能稳定，在实验之前必须至少稳定运行半小时以上。同时，在整个操作过程中，必须保持各路气体流量和桥路工作电流稳定，否则仪器无法稳定运行。

（3）气体高压钢瓶的使用一定要严格按操作规程进行操作，注意安全。

五、 数据处理

1. 记录实验设备与操作的基本参数

（1）内循环反应器填装颗粒物种类。

颗粒直径 $d_p =$ _____ mm；颗粒填装量 $V_P =$ _____ mL；反应体积 $V_R =$ _____ mL

（2）热导鉴定工作参数。

工作电流 $I =$ _____ mA；参考臂气体流量 $q_V =$ _____ mL·min^{-1}；工作臂气体流量 $q_V =$ _____ mL·min^{-1}

2. 实验数据记录（参考表 7-1）

主流气体流量 $q_{V,0} =$ _____ mL·min^{-1}；示踪气体流量 $q_{V,i} =$ _____ mL·min^{-1}；

搅拌器转速 $r =$ _____ r·min^{-1}；采集数据频率 $u =$ _____ 次·秒$^{-1}$

表 7-1　数据记录表 1

编号	
数据采集累计次数 n/次	
电压值 $U(n)$/mV	

3. 数据整理

（1）将实验数据按表 7-2 进行整理，列出表中各项计算公式。

表 7-2　数据记录表 2

编号	
时间 t/s	
分布函数 $F(t)$	
$-\ln F(t)$	

（2）按表 7-2 标绘 $F(t)$-t 停留时间分布曲线和 $-\ln F(t)$-t 检验曲线，求算检验曲线的线性相关系数、回归系数和平均停留时间，将实验数据再按表 7-3 进行整理。

表 7-3　数据记录表 3

编号	
无量纲时间 θ	
分布函数 $F(\theta)$	
$-\ln F(\theta)$	

（3）按表 7-3 数据整理结果，标绘 $F(\theta)$-θ 停留时间分布曲线和 $-\ln F(\theta)$-θ 检验曲线，并在 $-\ln F(\theta)$-θ 图上标出斜率为 1 的参考线，计算检验曲线的线性相关系数和回归系数。

（4）综合判断在气体流量和搅拌速率下反应器内是否达到了无梯度。

六、　思考题

1. 无梯度反应器的判定条件是什么？

2. 影响内循环反应器的无梯度条件是什么？

3. 如何根据测得的离散 $F(t)$-t 数据计算平均停留时间？

4. 从绿色、节能的角度，分析反应器流动模型检验与类型选择的重要性。

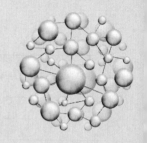

实验 8

连续搅拌釜式反应器液体停留时间分布实验

一、实验目的

1. 通过实验了解利用电导率测定停留时间分布的基本原理和实验方法。
2. 掌握停留时间分布统计特征值的计算方法。
3. 学会用理想反应器串联模型来描述实验系统的流动特性。
4. 通过实验深入掌握停留时间分布、返混、流动特性数学模型等概念。

二、实验原理

通过测定停留时间分布可以建立连续搅拌釜式反应器的流动模型。停留时间分布测定方法有脉冲激发-响应技术和阶跃激发-响应技术。

用脉冲激发方法测定停留时间分布曲线的方法是：在设备入口处，向主体流体瞬时注入少量示踪剂，与此同时在设备出口处检测示踪剂的浓度 $c(t)$ 随时间 t 的变化关系数据或变化关系曲线。由实验测得的 $c(t)$-t 变化关系曲线可以直接转换为停留时间分布密度 $E(t)$ 随时间 t 的关系曲线。

由实验测得的 $E(t)$-t 曲线的图像，可以定性判断流体流经反应器的流动状况。由实验测得全混流反应器和多级串联全混流反应器的 $E(t)$-t 曲线如图 8-1 所示。若各釜的有效体积分别为 $V_{R,1}$、$V_{R,2}$ 和 $V_{R,3}$。当单釜、双釜串联和三釜串联全混流反应器的总有效体积保持相同，即 $V_{1,CSTR}=V_{2,CSTR}=V_{3,CSTR}$ 时，则 $E(t)$-t 曲线的图像如图 8-1（a）所示。当各釜体积虽然相同，但单釜、双釜串联、三釜串联的总有效体积又各不相同时，即单釜有效体积 $V_{1,CSTR}=V_{R,1}$，而双釜串联总有效体积 $V_{2,CSTR}=V_{R,1}+V_{R,2}=2V_{R,1}$，三釜串联的总有效体积 $V_{3,CSTR}=V_{1,CSTR}+V_{2,CSTR}+V_{3,CSTR}=3V_{R,1}$，则 $E(t)+t$ 曲线的图像如图 8-1（b）所示。

脉冲输入法是在较短的时间内（0.1～1.0s），向设备内一次注入一定量的示踪剂，同时开始计时并不断分析出口示踪物料的浓度 $c(t)$ 随时间的变化。概率分布密度 $E(t)$ 就是系统的停留时间分布密度函数。因此，$E(t)dt$ 就代表了流体粒子在反应器内停留时间介于 $t\sim$

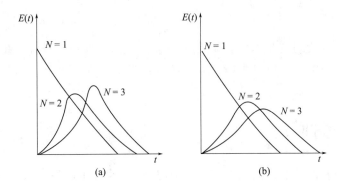

图 8-1　全混流反应器和多级串联全混流反应器的 $E(t)\text{-}t$ 曲线

$t+\mathrm{d}t$ 之间的概率。

在反应器出口处测得的 $c(t)\text{-}t$ 曲线称为响应曲线。由响应曲线可以计算出 $E(t)$ 与时间 t 的关系，并绘出 $E(t)\text{-}t$ 关系曲线。计算方法是对反应器作示踪剂的物料衡算，即：

$$q_{\mathrm{V}}c(t)\mathrm{d}t=mE(t)\mathrm{d}t \tag{8-1}$$

式中，q_{V} 为主流体的流量；m 为示踪剂的加入量。示踪剂的加入量可用下式计算：

$$m=\int_0^{\infty}q_{\mathrm{V}}c(t)\mathrm{d}t \tag{8-2}$$

当 q_{V} 恒定时，由式（8-1）和式（8-2）求出：

$$E(t)=\frac{c(t)}{\int_0^{\infty}c(t)\mathrm{d}t} \tag{8-3}$$

关于停留时间分布的另一个统计函数是停留时间分布函数 $F(t)$，即

$$F(t)=\int_0^{\infty}E(t)\mathrm{d}t \tag{8-4}$$

$E(t)$ 和 $F(t)$ 很好地反映了停留时间分布规律。为了比较不同停留时间分布之间的差异，需引入数学期望和方差两个统计特征。

停留时间分布的数学期望为平均停留时间 $\bar{t}$，即：

$$\bar{t}=\frac{\int_0^{\infty}tE(t)\mathrm{d}t}{\int_0^{\infty}E(t)\mathrm{d}t}=\int_0^{\infty}tE(t)\mathrm{d}t \tag{8-5}$$

停留时间 t 的方差是指 $(t-\bar{t})^2$ 的数学期望值，记作 σ_t^2，依据下式计算：

$$\sigma_t^2=\int_0^{\infty}t^2E(t)\mathrm{d}t-\overline{t^2} \tag{8-6}$$

也可用 θ 的方差值 σ_{θ}^2 来表示数据分布的离散程度，根据下式进行计算：

$$\sigma_{\theta}^2=\frac{\sigma_t^2}{\bar{t}^2} \tag{8-7}$$

对活塞流反应器 $\sigma_{\theta}^2=0$；而对全混流反应器 $\sigma_{\theta}^2=1$。对于非理想流动反应器或者多釜串联反应器，其流动模型的模型参数 N 可由 σ_{θ}^2 根据下式来计算：

$$N = \frac{1}{\sigma_\theta^2} \tag{8-8}$$

当 N 为整数时，代表该非理想流动反应器可用 N 个等体积的全混流反应器的串联来建立模型。当 N 为非整数时，可以用四舍五入的方法近似处理，也可以用不等体积的全混流反应器串联模型。

三、仪器与试剂

反应器为有机玻璃制成的搅拌釜，三个小反应釜有效容积均为 1000mL，一个大反应釜的有效容积为 3000mL，其搅拌方式均为叶轮搅拌。示踪剂为饱和 KNO_3 水溶液，通过电磁阀瞬时注入反应器。反应器出口示踪剂 KNO_3 在不同时刻浓度 $c(t)$ 的检测通过电导率仪完成。实验装置如图 8-2 所示。电导率仪的传感器为铂电极，当含有 KNO_3 的水溶液通过安装在釜内液相出口处铂电极时，电导率仪将浓度 $c(t)$ 转化为毫伏级的直流电压信号，该信号经放大器与 A/D 转机卡处理后，由模拟信号转换为数字信号。

实验试剂：主流体为自来水，示踪剂为 KNO_3 饱和溶液。

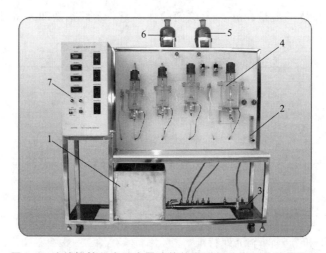

图 8-2 连续搅拌釜式反应器液体停留时间分布实验装置流程
（此装置图为浙大中控多釜串联液体停留时间实验装置）
1—循环水槽；2—流量计；3—调速电机；4—反应釜；5—示踪剂高位瓶；
6—清洗剂高位瓶；7—电路控制系统

四、实验步骤

1. 实验前的准备工作
（1）配制饱和 KNO_3 溶液并预先加入示踪剂瓶内，注意将瓶口小孔与大气连通。
（2）将蒸馏水预先加入高位洗瓶内，注意将瓶口小孔与大气连通。
（3）打开自来水阀门向水箱内注入水。

2. 实验操作
（1）打开系统电源。

（2）打开电导率仪，开始实验前应保证使其预热 0.5h 以上。

（3）开动水泵，调节转子流量计的流量，待各釜内充满水后将流量调至实验要求值，打开各釜放空阀，排净反应器内残留的空气。

（4）打开示踪剂瓶阀门，根据实验项目（单釜或三釜）将指针阀转向对应的实验釜。

（5）启动计算机数据采集系统，使其处于正常工作状态。

（6）键入实验条件。例如，单釜或者多釜；水的流量；搅拌转速；采样次数（10～15次）；进样时间（0.1～1.0s）等。

（7）运行实验。点击确定后，待采集两次空白样（基线）后，点击注入盐溶液。采集时间需 35～40min，采样完成后退出程序。

（8）获得实验数据。进入实验数据文件夹，可调出、复制、保存、记录实验数据。

（9）在同一水流量条件下，分别进行两个搅拌转速的数据采集；也可在相同转速下改变液体流量，依次完成所有条件下的数据采集。

（10）结束实验。

① 关闭示踪剂瓶阀门，打开清洗瓶阀门。

② 在一定水流量、搅拌转速下，重复（6）、（7）两步，清洗实验系统。

③ 依次关闭自来水阀门、水泵、搅拌器、电导率仪、总电源，关闭计算机。

④ 将仪器复原。

五、数据处理

1.记录实验设备与操作的基本参数（参考表 8-1）。

有效容积：$V_R=$　　　 m^3；主流流体（水）体积流率：$q_V=$　　　 $m^3 \cdot s^{-1}$

搅拌速率：$n=$　　　 $r \cdot min^{-1}$

表 8-1　数据记录表 1

编号	
数据采集累计数 n/次	
时间 t/s	
电压值 $U(n)$/mV	

2.由实验数据计算停留时间的主要数字特征和模型参数列入表 8-2 中，并写出表中各项的计算公式。

表 8-2　数据记录表 2

停留时间 t/s	
停留时间的数学期望 $\bar{t}$/s	
停留时间分布的方差 σ_t^2/s^2	
停留时间分布的无量纲方差 σ_θ^2	
多级全混流模型参数 N	

3.根据每次实验结果，检验是否已接近理想流动模型，进而从一系列实验结果中得出实现理想流动模型的主要操作条件的数值范围。

六、 思考题

1. 既然反应器的个数是 3 个，模型参数 N 又代表全混流反应器的个数，那么 N 就应该是 3，若不是，为什么？

2. 全混流反应器具有什么特征？如何利用实验方法判断搅拌釜是否达到全混流反应器的模型要求？如果尚未达到，如何调整实验条件使其接近这一理想模型？

3. 从绿色、节能的角度，分析反应器流动模型检验与类型选择的重要性。

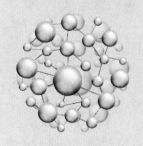

实验 9

填料塔吸收传质系数的测定

一、实验目的

1. 了解填料塔吸收装置的基本结构及流程。
2. 掌握总体积传质系数的测定方法。
3. 了解气体空塔速度和液体喷淋密度对总体积传质系数的影响。
4. 掌握尾气浓度的分析方法。

二、实验原理

气体吸收是典型的传质单元操作。对于低浓度气体吸收，由于塔内气、液流量几乎不变，全塔的流动状况相同，因此填料塔内的传质系数可视为恒定。本实验采用水吸收空气中的氨气为实验体系。通过测定相关数据，根据低浓度气体吸收公式可计算填料塔的总体积传质系数。

1. 计算公式

填料层高度 Z 为：

$$Z = \int_0^Z \mathrm{d}Z = \frac{G}{K_y a} \int_{y_1}^{y_2} \frac{\mathrm{d}y}{y - y^*} = H_{\mathrm{OG}} \cdot N_{\mathrm{OG}} \tag{9-1}$$

式中，G 为气体通过塔截面的摩尔流量，$\mathrm{kmol} \cdot \mathrm{m}^{-2} \cdot \mathrm{s}^{-1}$；$K_y a$ 为以 Δy 为推动力的气相总体积传质系数，$\mathrm{kmol} \cdot \mathrm{m}^{-3} \cdot \mathrm{s}^{-1}$；$H_{\mathrm{OG}}$ 为气相总传质单元高度，m；N_{OG} 为气相总传质单元数，无量纲。y 为溶质在气相中的摩尔分数；y^* 为溶质在液相中的平衡摩尔分数。

令

$$S = mG_y / L \tag{9-2}$$

式中，G_y 为溶质通过塔截面的摩尔流量，$\mathrm{kmol} \cdot \mathrm{m}^{-2} \cdot \mathrm{s}^{-1}$；$m$ 为相平衡常数；S 为脱吸因数；L 为液体通过塔截面的摩尔流量，$\mathrm{kmol} \cdot \mathrm{m}^{-2} \cdot \mathrm{s}^{-1}$。

$$N_{\mathrm{OG}} = \frac{1}{1-S} \ln \left[(1-S) \frac{y_1 - mx_2}{y_2 - mx_2} + S \right] \tag{9-3}$$

$$H_{OG} = \frac{Z}{N_{OG}} \tag{9-4}$$

$$K_y a = \frac{G}{H_{OG}} \tag{9-5}$$

式中，x_2 为吸收剂中溶质的初始摩尔分数。

2. 测定方法

(1) 空气流量和水流量的测定　实验中采用转子流量计分别测定空气和水的流量，并根据实验条件（温度和压力）和有关公式换算为空气和水的摩尔流量。

气体流量校正公式为：

$$q_V = q_V' \sqrt{\frac{\rho_0}{\rho}} \tag{9-6}$$

式中，q_V 为实际气体体积流量，$m^3 \cdot h^{-1}$；q_V' 为操作条件下转子流量计中读取的气体体积流量，$m^3 \cdot h^{-1}$；ρ_0 为标定条件下空气的密度，$kg \cdot m^{-3}$；ρ 为测定条件下气体的密度，$kg \cdot m^{-3}$。

液体流量校正公式为：

$$q_V = q_V' \sqrt{\frac{\rho_0 (\rho_f - \rho)}{\rho (\rho_f - \rho_0)}} \tag{9-7}$$

式中，q_V 为实际液体体积流量，$m^3 \cdot h^{-1}$；q_V' 为操作条件下转子流量计中读取的液体体积流量，$m^3 \cdot h^{-1}$；ρ_f 为转子的密度，$kg \cdot m^{-3}$；ρ_0 为标定条件下水的密度，$kg \cdot m^{-3}$；ρ 为测定条件下液体的密度，$kg \cdot m^{-3}$。

(2) 测定填料层高度 Z 和塔径 D　根据实验装置确定。

(3) 测定塔底和塔顶气相组成 y_1 和 y_2　塔底进气浓度 y_1 为：

$$y_1 \approx Y_1 = \frac{n_{NH_3}}{n_{air}} \tag{9-8}$$

式中，Y_1 为进塔混合气中氨气的比摩尔分数；n_{NH_3} 为进塔混合气中氨气的摩尔流率，$kmol \cdot h^{-1}$；n_{air} 为进塔混合气中空气的摩尔流率，$kmol \cdot h^{-1}$。

塔顶出气浓度 y_2 可通过与酸进行中和反应来测定。具体方法为：取 V（mL）浓度为 c（mol/L）的硫酸置于洗气瓶内，加 2～3 滴指示剂（0.1%溴百里酚蓝的乙醇溶液），将少量尾气通入洗气瓶内，经硫酸吸收后再通过湿式流量计放空，一直到中和反应的终点（指示剂由黄棕色变至黄绿色）立刻停止通气。由下式计算塔顶出气浓度 y_2：

$$y_2 \approx Y_2 = \frac{n_{NH_3}}{n_{air}} = \frac{2Vc}{\dfrac{P_0 V_0}{R T_0}} \tag{9-9}$$

式中，Y_2 为出塔混合气中氨气的比摩尔分数；c 为硫酸的浓度，$mol \cdot L^{-1}$；V 为所用硫酸的体积，L；P_0、V_0、T_0 为尾气经洗气瓶吸收后，通过湿式流量计时空气的压力（Pa）、体积（L）、温度（K）；R 为气体常数，$8.314 J \cdot mol^{-1} \cdot K^{-1}$。

(4) 平衡关系　本实验的平衡关系可写成：

$$y = mx \tag{9-10}$$

式中，m 为相平衡常数，$m = E/p$。E 为亨利系数，$E = f(T)$，Pa，根据液相温度

$T(K)$ 由下式计算：

$$\lg E = 11.468 - 1922/T \tag{9-11}$$

p 为全塔平均压力，Pa。

实验时，测定操作压力 p 和温度 T，由式（9-11）得亨利系数 E，计算得相平衡常数 $m = E/p$；由转子流量计测定空气和水的流量，并根据实验条件（温度和压力）和有关公式换算成空气和水的摩尔流量，再除以塔的截面积得到气、液通过塔截面的摩尔流量 G、L；由式（9-2）计算得到 S；通过流量计计量和化学滴定方法确定气体进出口浓度 y_1、y_2；由式（9-3）得 N_{OG}；由式（9-4）得 H_{OG}；由式（9-5）得 $K_y a$。测定多组气体、液体流量下的 H_{OG} 和 $K_y a$，以考察气、液流量对 H_{OG} 和 $K_y a$ 的影响。

三、仪器与试剂

装置流程如图9-1所示。自来水经离心泵加压后送入填料塔塔顶经喷头喷淋在填料顶层。由鼓风机送来的空气和由氨气钢瓶来的氨气混合后，一起进入气体中间储罐，经转子流量计测定流量，然后再直接进入塔底，与水在塔内进行逆流接触，进行传质。由塔顶出来的尾气，经洗气瓶吸收后通过湿式流量计计量后放空。本实验为低浓度气体的吸收，热量交换可忽略，整个实验过程看成是等温操作。

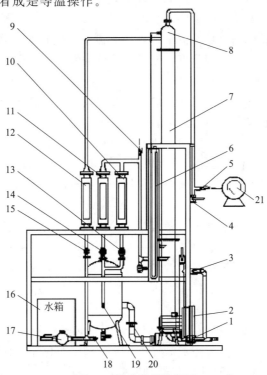

图 9-1 吸收装置流程图
（此装置图参照浙大中控吸收实验装置绘制）

1—液体出口阀1；2—风机；3—液体出口阀2；4—放空阀；5—出塔气体取样口；6—U形压差计；7—填料层；
8—塔顶预分离器；9—进塔气体取样口；10—气体小流量玻璃转子流量计（$0.4 \sim 4m^3 \cdot h^{-1}$）；
11—气体大流量玻璃转子流量计（$2.5 \sim 25m^3 \cdot h^{-1}$）；12—液体玻璃转子流量计（$100 \sim 1000L \cdot h^{-1}$）；
13—气体进口闸阀V1；14—气体进口闸阀V2；15—液体进口闸阀V3；16—水箱；17—水泵；
18—液体进口温度检测点；19—混合气体温度检测点；20—风机旁路阀；21—湿式气体流量计（前有洗瓶）

吸收塔：高效填料塔，塔径 100mm，塔内装有一定比表面积、一定高度填料。

转子流量计参数见表 9-1。

表 9-1 转子流量计参数

介质	条件			
	最大流量	最小刻度	标定介质	标定条件
空气	$4m^3 \cdot h^{-1}$	$0.1m^3 \cdot h^{-1}$	空气	$20℃,1.0133 \times 10^5 Pa$
NH_3	$60L \cdot h^{-1}$	$10L \cdot h^{-1}$	空气	$20℃,1.0133 \times 10^5 Pa$
水	$1000L \cdot h^{-1}$	$20L \cdot h^{-1}$	水	$20℃,1.0133 \times 10^5 Pa$

空气压缩机；氨气钢瓶。

四、 实验步骤

1. 实验操作

（1）开启自来水阀门，向水箱注水，至 3/4 液位。

（2）打开仪表电源开关，进行仪表自检。

（3）打开混合罐底部阀门，排放掉混合罐中的冷凝水，然后再将阀门关闭。

（4）在泵出口管路上水流量调节阀关闭的状态下启动离心泵，开启水泵进水阀门，使水进入填料塔润湿填料，仔细调节转子流量计，使其流量稳定在某一实验值（塔底液封控制：仔细调节吸收塔底部吸收液出口阀开度，使塔底液位缓慢地在一段区间内变化，以免塔底液封过高溢满或过低而泄气）。

（5）在空气流量调节阀关闭的状态下启动风机，调节空气流量计至某一流量。

（6）打开 NH_3 钢瓶总阀，并缓慢调节钢瓶的减压阀（注意减压阀的开关方向与普通阀门的开关方向相反，顺时针为开，逆时针为关），使其压力稳定在 0.8MPa 左右。

（7）调节 NH_3 转子流量计的流量，使其稳定在某一值，使混合后氨的含量在 5% 左右。

（8）待塔中的压力靠近某一实验值时，仔细调节尾气放空阀的开度，直至塔中压力稳定在实验值。

（9）待塔操作稳定后，读取并记录各流量计的读数、温度、塔顶塔底压差读数，分析其氨的含量；测定塔顶出塔气相组成（放空阀旁有取样口，连接洗瓶内一定当量浓度的硫酸经湿式流量计测流量，可分析尾气中氨的含量）。

（10）调节水流量或改变进料氨的含量，测定 3～4 组数据；每组实验要更换洗瓶内的硫酸。

（11）实验完毕，关闭氨气钢瓶和转子流量计、水转子流量计、风机出口阀门，再关闭进水阀门以及风机电源开关（实验完成后先停止水的流量再停止气体的流量，防止液体从进气口倒压破坏管路及仪器）。清理实验仪器和实验场地。

2. 注意事项

（1）固定好操作点后，应随时注意调整以保持各量不变。

（2）实验操作中，注意保持液封液位稳定，以免塔底液封过高溢满或过低而泄气。

（3）在填料塔操作条件改变后，需要有较长的稳定时间，一定要等到稳定以后才能读取有关数据。

五、数据处理

1. 将原始数据列入表 9-2。

表 9-2　数据记录表

介质	NH_3	空气	水	NH_3	空气	水	NH_3	空气	水
$q_V/m^3 \cdot h^{-1}$									
硫酸体积 V/mL									

2. 列出实验结果与计算示例。

六、思考题

1. 本实验中，为什么塔底要有液封？液封高度如何计算？
2. 为什么氨气吸收过程属于气膜控制？
3. 当气体温度和液体温度不同时，应用什么温度计算亨利系数？
4. 深入理解热力学第二定律在吸收单元操作中的应用，认识科学的魅力。本实验中为了实现气体混合物的分离，要求气体混合物必须有哪种物理性质的差异？需要消耗哪种形式的能量？

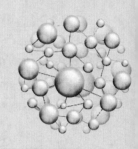

实验 10

恒压过滤常数测定

一、实验目的

1. 熟悉板框压滤机的构造和操作方法。
2. 通过恒压过滤实验，验证过滤基本理论。
3. 学会测定过滤常数 K、q_e、τ_e 及压缩性指数 s 的方法。
4. 了解过滤压力对过滤速率的影响。

二、实验原理

过滤是以某种多孔物质为介质来处理悬浮液以达到固、液分离的一种单元操作。在外力作用下，悬浮液中的液体通过固体颗粒层（即滤饼层）及多孔介质的孔道而固体颗粒被截留下来形成滤饼层，从而实现固、液分离。过滤操作的实质是流体通过固体颗粒层的流动。由于固体颗粒层（滤饼层）的厚度随着过滤的进行不断增加，因此在恒压过滤操作中，过滤速率不断降低。

过滤速率 u 定义为单位时间单位过滤面积内通过过滤介质的滤液量。影响过滤速率的主要因素除过滤推动力（压力差）Δp、滤饼厚度 L 外，还有滤饼和悬浮液的性质、悬浮液温度、过滤介质的阻力等。

滤液流过滤饼和过滤介质的流动一般处在层流流动范围内，因此，可利用流体通过固定床压力降的简化模型，寻求滤液量与时间的关系，得到过滤速率计算式：

$$u = \frac{dV}{A d\tau} = \frac{dq}{d\tau} = \frac{A\Delta p^{(1-s)}}{\mu rC(V+V_e)} = \frac{A\Delta p^{(1-s)}}{\mu r'C'(V+V_e)} \tag{10-1}$$

式中，u 为过滤速率，$m^2 \cdot s^{-1}$；V 为通过过滤介质的滤液量，m^3；A 为过滤面积，m^2；τ 为过滤时间，s；q 为通过单位面积过滤介质的滤液量，$m^2 \cdot s^{-2}$；Δp 为过滤压力（表压），Pa；s 为滤饼压缩性系数（滤饼在外力作用下被压缩变形，孔隙率发生变化）；μ 为滤液的黏度，$Pa \cdot s$；r 为滤饼比阻（单位面积上单位体积滤饼的阻力），m^{-2}；C 为单位滤液体积所对应的滤饼体积，$m^3 \cdot m^{-3}$；V_e 为过滤介质的当量滤液体积，m^3；r' 为滤饼比阻（单位面积上单位质量干滤饼的阻力），$m^2 \cdot kg^{-1}$；C' 为单位滤液体积的滤饼质量，$kg \cdot m^{-3}$。

对于某悬浮液，在恒温、恒压下过滤时，μ、r、C 和 Δp 都恒定，为此令：

$$K = \frac{2\Delta p^{(1-s)}}{\mu r C} \tag{10-2}$$

于是式（10-1）可改写为：

$$\frac{dV}{d\tau} = \frac{KA^2}{2(V+V_e)} \tag{10-3}$$

式中，K 为过滤常数，由物料特性及过滤压差所决定，$m^2 \cdot s^{-1}$。

将式（10-3）分离变量积分，整理得：

$$\int_{V_e}^{V+V_e} (V+V_e)d(V+V_e) = \frac{1}{2}KA^2 \int_0^\tau d\tau \tag{10-4}$$

即

$$V^2 + 2VV_e = KA^2\tau \tag{10-5}$$

将式（10-4）的积分极限改为从 0 到 V_e 和从 0 到 τ_e 积分，则：

$$V_e^2 = KA^2\tau_e \tag{10-6}$$

将式（10-5）和式（10-6）相加，可得：

$$(V+V_e)^2 = KA^2(\tau+\tau_e) \tag{10-7}$$

式中，τ_e 为虚拟过滤时间，相当于滤出滤液量 V_e 所需时间，s。

再将式（10-7）微分，得：

$$2(V+V_e)dV = KA^2 d\tau \tag{10-8}$$

将式（10-8）写成差分形式，则：

$$\frac{\Delta\tau}{\Delta q} = \frac{2}{K}\bar{q} + \frac{2}{K}q_e \tag{10-9}$$

式中，Δq 为每次测定的单位过滤面积滤液体积（在实验中一般等量分配），$m^3 \cdot m^{-2}$；$\Delta\tau$ 为每次测定的滤液体积 Δq 所对应的时间，s；$\bar{q}$ 为相邻两个 q 值的平均值，$m^3 \cdot m^{-2}$。

以 $\Delta\tau/\Delta q$ 为纵坐标、$\bar{q}$ 为横坐标将式（10-9）标绘成一直线，可得该直线的斜率和截距，斜率为 $S = \frac{2}{K}$，截距为 $I = \frac{2}{K}q_e$，则 $K = \frac{2}{S}$；m^2/s；$q_e = \frac{KI}{2} = \frac{I}{S}$，$m^3$；$\tau_e = \frac{q_e^2}{K} = \frac{I^2}{KS^2}$，s。

改变过滤压差 Δp，可测得不同的 K 值，由 K 的定义式（10-2）两边取对数得：

$$\lg K = (1-s)\lg(\Delta p) + B \tag{10-10}$$

在实验压差范围内，若 B 为常数，则 $\lg K - \lg(\Delta p)$ 的关系在直角坐标上应是一条直线，斜率为 $(1-s)$，可求得滤饼压缩性指数 s。

三、 仪器与试剂

本实验装置由空压机、配料槽、压力料槽、板框过滤机等组成，其流程示意如图 10-1 所示。配料罐内配制的一定浓度的 $CaCO_3$ 悬浮液利用压差送入压力罐中，用压缩空气加以搅拌使 $CaCO_3$ 不致沉降，同时利用压缩空气的压力将滤浆送入板框压滤机过滤，滤液流入量筒计量，压缩空气从压力料槽上排空管中排出。

　　板框压滤机的尺寸：框厚度 20mm，每个框过滤面积 0.0177m^2，框数 2 个。

　　空气压缩机规格型号：风量 0.06m$^3 \cdot$ min^{-1}，最大气压 0.8MPa。

　　CaCO$_3$ 10%～30%（质量分数）的水悬浮液。

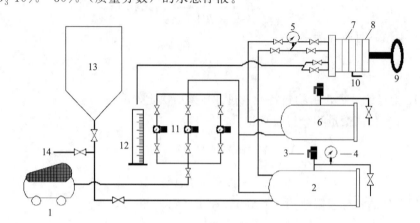

图 10-1　板框压滤机过滤流程
（此装置图参照浙大中控板框过滤实验仪绘制）
1—空气压缩机；2—压力罐；3—安全阀；4，5——压力表；6—清水罐；7—滤框；
8—滤板；9—手轮；10—通孔切换阀；11—调压阀；12—量筒；13—配料罐；14—地沟

四、实验步骤

1. 实验准备

　　（1）配料：在配料罐内配制含 CaCO$_3$ 10%～30%（质量分数）的水悬浮液，CaCO$_3$ 事先由天平称重，水位高度按标尺示意，筒身直径 35mm。配料时需关闭配料罐底部进压力罐的阀门。

　　（2）搅拌：开启空压机，将压缩空气通入配料罐（空压机的出口小球阀保持半开，进入配料罐的两个阀门保持适当开度），使 CaCO$_3$ 悬浮液搅拌均匀。搅拌时，应将配料罐的顶盖合上。

　　（3）设定压力：分别打开进压力罐的三路阀门，空压机过来的压缩空气经各定值调节阀分别设定为 0.1MPa、0.2MPa 和 0.25MPa（出厂已设定，实验时不需要再调压。若欲做 0.25MPa 以上压力过滤，需调节压力罐安全阀）。设定定值调节阀时，压力罐泄压阀可略开。

　　（4）装板框：正确装好滤板、滤布、滤垫及滤框。滤布使用前用水浸湿，滤布要绷紧，不能起皱。滤布紧贴滤板，密封垫贴紧滤布，同时注意滤板、滤框的方向。

　　（5）灌清水：向清水罐通入自来水，液面达视镜 2/3 高度左右。灌清水时，应将安全阀处的泄压阀打开。

　　（6）灌料：在压力罐泄压阀打开的情况下，打开配料罐和压力罐间的进料阀门，使料浆自动由配料桶流入压力罐，至其视镜 1/2～2/3 处，关闭进料阀门。

2. 过滤过程

　　（1）鼓泡：通压缩空气至压力罐，使容器内料浆不断搅拌。压力罐的排气阀应不断排气，但又不能喷浆。

（2）过滤：将中间双面板下通孔切换阀开到通孔通路状态。打开进板框前料液进口的两个阀门，打开出板框后清液出口球阀。此时，压力表指示过滤压力，清液出口流出滤液。

每次实验应在滤液从汇集管刚流出的时候作为开始时刻，每次 ΔV 取 800mL 左右。记录相应的过滤时间 $\Delta \tau$。每个压力下，测量 8～10 个读数即可停止实验。若欲得到干而厚的滤饼，则应每个压力下做到没有清液流出为止。量筒交换接滤液时不要流失滤液，至量筒内滤液静止后读出 ΔV 值（注意：ΔV 约 800mL 时替换量筒，这时量筒内滤液量并非正好800mL）。此外，要熟练掌握双秒表轮流读数的方法。

一个压力下的实验完成后，先打开泄压阀使压力罐泄压。卸下滤框、滤板、滤布进行清洗，清洗时滤布不要折。每次滤液及滤饼均收集在小桶内，滤饼弄细后重新倒入料浆桶内搅拌配料，进入下一个压力实验。注意若清水罐水不足，可补充一定水源，补水时仍应打开该罐的泄压阀。

3. 清洗过程

（1）关闭板框过滤的进出阀门。将中间双面板下通孔切换阀开到通孔关闭状态（阀门手柄与滤板平行为过滤状态，垂直为清洗状态）。

（2）打开清洗液进入板框的进出阀门（板框前两个进口阀，板框后一个出口阀）。此时，压力表指示清洗压力，清液出口流出清洗液。清洗液速度比同压力下过滤速率小很多。

（3）清洗液流动约 1min，可观察混浊度变化判断结束。一般物料可不进行清洗过程。清洗过程结束，关闭清洗液进出板框的阀门，关闭定值调节阀后进气阀门。

4. 结束实验

（1）先关闭空压机出口球阀，关闭空压机电源。

（2）打开安全阀处泄压阀，使压力罐和清水罐泄压。

（3）卸下滤框、滤板、滤布进行清洗，清洗时滤布不要折。

（4）将压力罐内物料反压到配料罐内备下次使用，或将该配料罐、压力罐内物料直接排空后用清水冲洗。

五、数据处理

1. 实验数据记录（参考表 10-1）

表 10-1　数据记录表

实验次数		1	2	3	4	5	6	7
p_1	ΔV							
	$\Delta \tau$							
p_2	ΔV							
	$\Delta \tau$							
p_3	ΔV							
	$\Delta \tau$							

2. 实验数据处理

① 在直角坐标系中绘制 $\Delta \tau / \Delta q - \bar{q}$ 的关系曲线，从图中读斜率求得不同压力下的 K

值，求过滤常数 q_e、τ_e。

② 将不同压力下测得的 K 值作 $\lg K \sim \lg \Delta P$ 曲线，拟合得直线方程，根据斜率为 $(1-s)$ 计算滤饼压缩性指数。

六、思考题

1. 为什么过滤开始时，滤液常常有点浑浊，而过段时间后才变清？

2. 影响过滤速率的主要因素有哪些？

3. 深入理解热力学第二定律在过滤中的应用，认识科学的魅力。本实验中为了实现液-固非均相物系的分离，要求液-固非均相物系有哪种物理性质的差异？需要消耗哪种形式的能量？

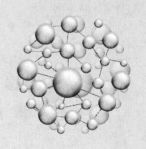

实验 11

中空纤维超滤膜分离能力测定

一、 实验目的

1. 掌握超滤膜的分离原理。
2. 掌握超滤膜分离能力的评价指标。
3. 掌握影响超滤膜分离能力的主要因素。
4. 熟练掌握分光光度计在定量分析中的应用。

二、 实验原理

膜分离技术是 21 世纪绿色、节能的高科技产业技术。由于其独特的高效性、节能性、无污染、过程简单等特点，因而在石油化工、生物化学制药、医疗卫生、冶金、电子、能源、食品、环保等领域得到了广泛应用。

超滤技术是介于微滤和纳滤之间的一种膜分离技术。超滤是指溶剂小分子与分子量在 500 以上的溶质大分子借助于超滤膜进行的分离过程。超滤膜是对不同分子量的物质进行选择性透过的膜材料，通常是用乙酸纤维素类、乙酸纤维素酯类、聚乙烯类、聚砜类、聚酰胺类等制成的多孔物质，其分子量介于 $5000 \sim 200000$ 之间，孔径介于 $0.001 \sim 0.03 \mu m$ 之间。超滤膜性能参数为截留分子量。将一定孔径范围（即截留分子量）的超滤膜置于溶剂小分子和溶质大分子组成的溶液中，例如聚乙二醇的水溶液，以膜两侧的压力差为推动力，水分子可以透过超滤膜的孔转移到膜的另一侧，而聚乙二醇大分子则被截留下来（如图 11-1 所示）。因此，膜两侧溶液的浓度发生了相对变化，溶质和溶剂得到了一定程度上的分离。

图 11-2 是由超滤膜材料卷成的管，制成类似于列管式换热器的中空纤维超滤膜组件。料液在超滤膜管的外侧流动，超滤液被收集到管内，在超滤膜管的外侧得到浓缩液。

超滤膜分离能力的评价参数为对某一分子量溶质的脱除率。分别测定过滤前原料液中溶质浓度 c_0、过滤后滤出液中溶质浓度 c_1，按式（11-1）计算超滤膜对溶质的脱除率 Ru。Ru 越大，表示超滤组件分离效果越好。

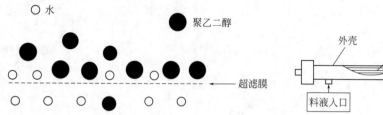

图 11-1　单根中空纤维过滤聚乙二醇的放大示意图

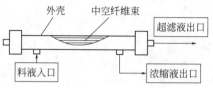

图 11-2　中空纤维超滤膜组件

$$Ru = \frac{c_0 - c_1}{c_0} \times 100\% \qquad (11\text{-}1)$$

式中，c_0 为过滤前溶液中大分子溶质的浓度；c_1 为过滤后滤出液中大分子溶质的浓度。

影响膜的分离能力的主要因素可以总结为三个方面：膜的截留分子量、被分离的溶液的组成及溶质分子量大小、分离过程的操作条件（原料液流量、膜两侧压力差）。

本实验分别以聚砜 4000 和聚砜 6000 为中空纤维超滤膜组件，测定其对一定初始浓度的分子量为 4000～10000 聚乙二醇的水溶液的分离能力，测定流量及压力对聚乙二醇脱除率的影响。

分离过程中，原料由泵从料液入口打入，在高压作用下，分离后得到的滤出液从中空纤维的中心流出，浓缩液从出口回到原料液储槽，再循环使用。

三、仪器与试剂

中空纤维超滤膜分离实验装置如图 11-3 所示。原料液由泵送出，经转子流量计计量流量、精滤器过滤除杂，然后进入中空纤维超滤膜组件（截留分子量 4000 与 6000 可选）。通过控制各阀门的开启与关闭，可以实现两个超滤膜组件的串联、并联或单独操作。浓缩液循环返回原料液储槽，滤出液流入超滤液储槽，并最终转移回原料液储槽。

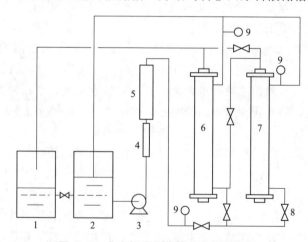

图 11-3　中空纤维超滤膜分离实验装置
（此装置图参照天大北洋超滤膜分离实验装置绘制）
1—超滤液储槽；2—原料液储槽；3—泵；4—转子流量计；5—精滤器；
6，7—中空纤维超滤膜组件；8—阀门；9—压力表

聚乙二醇（MW4000～10000），冰乙酸、次硝酸铋、碘化钾、碘、乙酸钠、硼酸均为分析纯试剂。

各种规格棕色容量瓶；移液管、各种规格吸量管；烧杯、量筒。

分光光度计一台。

四、实验步骤

1. 实验前的准备工作

（1）建立聚乙二醇溶液的工作曲线。

【聚乙二醇显色及制作工作曲线的方法Ⅰ】

① 发色剂配制。

a. A 液：准确称取 1.600g 次硝酸铋于烧杯中，加入 20mL 冰乙酸及去离子水使其全溶，定量转移至 100mL 容量瓶中，去离子水稀释定容至刻度。

b. B 液：准确称取 40.000g 碘化钾于烧杯中，加入碘和去离子水，溶解后定量转移至 100mL 棕色容量瓶中，去离子水稀释定容至刻度。

c. Dragendoff 试剂：量取 A 液、B 液各 5mL 置于 100mL 棕色容量瓶中，加冰乙酸 40mL，去离子水稀释至刻度。有效期为半年。

d. 乙酸缓冲液的配制：量取 0.2mol·L^{-1} 乙酸钠溶液 590mL 及 0.2mol·L^{-1} 冰乙酸溶液 410mL 置于 1000mL 容量瓶中，配制成 pH 为 4.8 乙酸缓冲液。

② 标准曲线的绘制 准确称取在 60℃ 下干燥 4h 的聚乙二醇 1.000g，溶解后转移并定容至 1000mL 容量瓶中，分别吸取聚乙二醇溶液 1.0mL、3.0mL、5.0mL、7.0mL、9.0mL 稀释于 100mL 容量瓶中配成浓度为 10mg·L^{-1}、30mg·L^{-1}、50mg·L^{-1}、70mg·L^{-1}、90mg·L^{-1} 的聚乙二醇标准溶液。再各取 50mL 加入 100mL 容量瓶中，分别加入 Dragendoff 试剂及乙酸缓冲液各 10mL，去离子水稀释至刻度，放置 15min，于波长 510nm 下用 1cm 比色池在分光光度计上测定吸光度，以去离子水为滤出液制备参比液。以聚乙二醇浓度为横坐标、吸光度为纵坐标作图，绘制出标准曲线。

【聚乙二醇显色及制作工作曲线的方法Ⅱ】

分别配制 0.05mol·L^{-1} 碘液、0.5mol·L^{-1} 硼酸溶液和 0.1g·L^{-1} 的聚乙二醇储备液。分别移取 0.1g·L^{-1} 聚乙二醇标准溶液 2mL、4mL、6mL、8mL、10mL 于 100mL 容量瓶中，再加 15mL 硼酸和 2mL 碘液，用去离子水稀释至刻度，摇匀后放置 8min，然后磁力搅拌 2min 后于 520nm 下测定吸光度，绘制工作曲线。

（2）于原料液储槽内加入配制的浓度为 30～70mg·L^{-1} 的聚乙二醇水溶液，并保持一定液位。

2. 实验操作

（1）在总阀关闭的情况下启动泵。

（2）根据实验内容需要，依次打开总阀及相应阀门。

（3）稳定运转 15～20min 后，取一定量原料液样品进行分析。超滤液和浓缩液均流回原料液槽。

（4）通过调节浓缩液出口管路上阀门，调节、控制一系列流量和压力，并开始计时，运转 15～20min 后，取一定量滤出液进行分析，并将全部滤出液导入原料液储槽。

（5）实验完毕，先依次关闭各阀门，最后关闭泵开关。

3.注意事项

（1）制作工作曲线时，各溶液用量也可根据测定需要均减小至 1/10。

（2）在调节下一个参数之前需要将超滤液储槽中液体倒回原料液储槽，以保证各条件下原料液的浓度保持一致。

（3）注意严格控制显色时间。

五、 数据处理

1.实验数据记录（参考表 11-1）。

原料液吸光度 $A_0 = $ _____ ；原料液浓度 $c_0 = $ _____

表 11-1　数据记录表

实验次数	操作压力 p/MPa	流量 q_V/m³·h⁻¹	滤出液吸光度 A_1	滤出液浓度 c_1
1				
2				
3				

2.根据工作曲线计算原料液以及各滤出液浓度，计算截留率。

3.通过作压力对聚乙二醇截留率的图形得出压力对截流率的影响结论。

六、 思考题

1.影响膜分离的主要因素是什么？

2.超滤膜的分离能力评价指标有哪些？

3.压力对聚乙二醇截留率的影响如何，为什么？

4.深入理解热力学第二定律在超滤中的应用，认识科学的魅力。本实验中为了实现不同分子量（分子截面积）液体混合物的分离，需要什么介质？需要消耗哪种形式的能量？

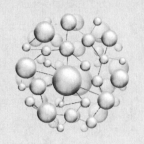

实验 12

液-液转盘萃取实验

一、实验目的

1. 了解转盘萃取塔的基本结构、操作方法及萃取的工艺流程。
2. 观察转盘转速变化时，萃取塔内部轻、重两相流动状况。
3. 了解萃取操作主要影响因素，研究萃取操作条件对萃取过程的影响。
4. 掌握每米萃取高度的传质单元数 N_{OR}、传质单元高度 H_{OR} 和萃取率 η 的实验测法。

二、基本原理

萃取是利用混合物中各个组分在外加溶剂中溶解度的差异而实现组分分离提纯的单元操作。完成萃取的常见设备包括混合-澄清器、填料萃取塔、筛板萃取塔、转盘萃取塔、离心萃取器。使用转盘萃取塔进行液-液萃取操作时，轻相液体从塔底进入，重相液体从塔顶进入，两种液体在塔内作逆流流动，其中一相液体作为分散相，以液滴形式通过另一种连续相液体，两种液相的浓度则在设备内作微分式的连续变化，并依靠密度差在塔的两端实现两液相间的分离。当轻相作为分散相时，相界面出现在塔的上端；反之，当重相作为分散相时，则相界面出现在塔的下端。本实验采用水-煤油-苯甲酸体系，以水为萃取剂，从煤油中萃取分离溶质苯甲酸。水相为萃取相（用 E 表示），又称为连续相或者重相。煤油为萃余相（用 R 表示），又称为轻相或者分散相。

1. 传质单元法计算塔高

计算微分逆流萃取塔的塔高时，可采用传质单元法，即以传质单元数和传质单元高度来表征。传质单元数表示过程分离要求以及难易程度；传质单元高度则反映了设备结构、物性因素及流动条件对传质的影响，表示设备传质性能的好坏。

$$H = H_{OR} N_{OR} \tag{12-1}$$

式中，H 为萃取塔的有效接触高度，m；H_{OR} 为以萃余相为基准的传质单元高度，m；N_{OR} 为以萃余相为基准的传质单元数，无量纲。

按定义，N_{OR} 计算式为：

$$N_{OR} = \int_{X_R}^{X_F} \frac{dX}{X - X^*}\tag{12-2}$$

式中，X_F 为原料液的组成，表示原料液中苯甲酸的质量与煤油的质量之比，$kg \cdot kg^{-1}$；X_R 为萃余相的组成，表示萃余相中苯甲酸的质量与煤油的质量之比，$kg \cdot kg^{-1}$；X 为塔内某截面处萃余相的组成，$kg \cdot kg^{-1}$；X^* 为塔内某截面处与萃取相平衡时的萃余相组成，$kg \cdot kg^{-1}$。

当萃余相浓度较低时，平衡曲线可近似为过原点的直线，操作线也简化为直线处理，如图 12-1 所示。

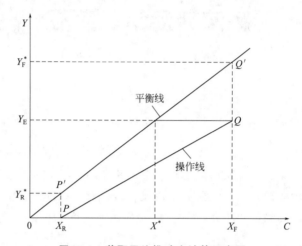

图 12-1 萃取平均推动力计算示意图

则由式（12-2）积分得：

$$N_{OR} = \frac{X_F - X_R}{\Delta X_m}\tag{12-3}$$

式中，ΔX_m 为传质过程的平均推动力，在操作线、平衡线作直线近似的条件下为：

$$\Delta X_m = \frac{(X_F - X^*) - (X_R - 0)}{\ln \dfrac{(X_F - X^*)}{(X_R - 0)}} = \frac{(X_F - Y_E/k) - X_R}{\ln \dfrac{(X_F - X_E/k)}{X_R}}\tag{12-4}$$

式中，k 为分配系数，例如对于本实验的煤油苯甲酸相-水相，$k = 2.26$；Y_E 为萃取相的组成，$kg \cdot kg^{-1}$。对于 X_F、X_R 和 Y_E，分别在实验中通过取样滴定分析而得，Y_E 也可通过如下的物料衡算而得：

$$\begin{aligned} F + S &= E + R \\ F \cdot X_F + S \cdot 0 &= E \cdot Y_E + R \cdot X_R \end{aligned}\tag{12-5}$$

式中，F 为原料液流量，$kg \cdot h^{-1}$；S 为萃取剂流量，$kg \cdot h^{-1}$；E 为萃取相流量，$kg \cdot h^{-1}$；R 为萃余相流量，$kg \cdot h^{-1}$。

对稀溶液的萃取过程，因为 $F = R$、$S = E$，所以有：

$$Y_E = \frac{F}{S}(X_F - X_R)\tag{12-6}$$

2. 萃取率的计算

萃取率 η 为被萃取剂萃取的组分 A 的量与原料液中组分 A 的量之比：

$$\eta = \frac{F \cdot X_F - R \cdot X_R}{F \cdot X_F} \tag{12-7}$$

对稀溶液的萃取过程，因为 $F = R$，所以有：

$$\eta = \frac{X_F - X_R}{X_F} \tag{12-8}$$

3. 组成浓度的测定

对于煤油苯甲酸相-水相体系，采用酸碱中和滴定的方法测定进料液组成 X_F、萃余液组成 X_R 和萃取液组成 Y_E，即苯甲酸的比质量分数，具体步骤如下。

（1）用移液管量取待测样品 25mL，加 1～2 滴溴百里酚蓝指示剂。

（2）用 KOH-CH$_3$OH 溶液滴定至终点，则所测浓度为：

$$X = \frac{N \Delta V \times 0.122}{25 \times 0.8} \tag{12-9}$$

式中，N 为 KOH-CH$_3$OH 溶液的当量浓度，mol·L^{-1}；ΔV 为滴定用去的 KOH-CH$_3$OH 溶液体积，mL；苯甲酸的分子量为 122g·mol^{-1}，煤油密度为 0.8g·mL^{-1}，样品量为 25mL。

（3）萃取相组成 Y_E 也可按式（12-6）计算得到。

三、 实验装置与流程

本实验可由如图 12-2 所示的实验装置完成。萃取塔内径为 60mm，塔高 1.2m，传质区域高 750mm。

本装置操作时应先在塔内灌满连续相——水，然后加入分散相——煤油（含有饱和苯甲酸），待分散相在塔顶凝聚一定厚度的液层后，通过连续相的Ⅱ管闸阀调节两相的界面于一定高度，对于本装置采用的实验物料体系，凝聚是在塔的上端中进行（塔的下端也设有凝聚段）。本装置外加能量的输入，可通过直流调速器来调节中心轴的转速。

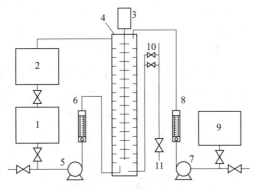

图 12-2　转盘萃取实验装置
（此装置图参照浙大中控液液萃取实验装置绘制）

1—轻相槽；2—萃余相槽（回收槽）；3—电机搅拌系统；4—萃取塔；5—轻相泵；6—轻相流量计；
7—重相泵；8—重相流量计；9—重相槽；10—Ⅱ管闸阀；11—萃取相出口

四、实验步骤

1. 实验前的准备工作

（1）将煤油配制成含苯甲酸的混合物（配制成饱和或近饱和），然后灌入轻相槽内。注意：勿直接在槽内配置饱和溶液，防止固体颗粒堵塞煤油输送泵的入口。轻相槽与萃余相槽之间管路阀门处于关闭状态。

（2）接通水管，将水灌入重相槽内，在实验运行中进水阀门应处于开启状态。

2. 实验操作

（1）依次打开仪器总开关、轻相泵开关、重相泵开关。

（2）在实验要求的范围内调节水流量（参考流量范围 $10\sim20L\cdot h^{-1}$）。

（3）打开电机转速开关，调节转速（参考 $300\sim600r\cdot min^{-1}$）。

（4）水在萃取塔内搅拌流动，连续运行 5min 后，开启煤油管路，调节煤油流量（参考流量范围 $10\sim20L\cdot h^{-1}$）。注意：在进行数据计算时，对煤油转子流量计测得的数据要校正，即煤油的实际流量应为 $V_{校}=\sqrt{\dfrac{1000}{800}}V_{测}$，其中 $V_{测}$ 为煤油流量计上的显示值。

（5）运转约 5min 后，待分散相在塔顶凝聚一定厚度的液层后，通过调节连续相出口管路中 Ⅱ 形管上的两个阀门开度来调节两相界面高度。待两相界面的恒定约 5min 后，分别取原料液、萃取液、萃余液。

（6）样品分析。采用酸碱中和滴定方法测定进料液组成 X_F、萃余液组成 X_R 和萃取液组成 Y_E，即苯甲酸的比质量分数，具体步骤如下：

① 用移液管量取待测样品 25mL，加 1~2 滴溴百里酚蓝指示剂。

② 用 $KOH\text{-}CH_3OH$ 溶液滴定至终点，则所比质量分数为：

$$X=\frac{N\Delta V\times0.122}{25\times0.8}$$

式中，N 为 $KOH\text{-}CH_3OH$ 溶液的当量浓度，实验参考值为 $0.01mol\cdot L^{-1}$；ΔV 为滴定用去的 $KOH\text{-}CH_3OH$ 溶液体积量，mL；苯甲酸的分子量为 $122g\cdot moL^{-1}$，煤油密度为 $0.8g\cdot moL^{-1}$，样品量为 25mL。

③ 萃取相组成 Y_E 也可按式（12-6）计算得到。

（7）计算效率 η 或 H_{OR}，判断外加能量对萃取过程的影响。

（8）改变转速，重复（4）~（7）步骤，考察转速对萃取效率 η 或 H_{OR} 的影响。

（9）结束程序：依次关闭水与煤油流量计、轻相泵与重相泵开关；搅拌转速回零，关闭仪器总开关；关闭进水阀门；打开轻相槽与萃余相槽之间管路阀门，将萃余相返回轻相槽。

五、数据处理

1. 实验数据记录（参考表 12-1）

KOH 的当量浓度 $N_{KOH}=$　　　　 $mol\cdot L^{-1}$

表 12-1　数据记录表 1

编号	重相流量 $q_V/L \cdot h^{-1}$	轻相流量 $q_V/L \cdot h^{-1}$	转速 $n/r \cdot min^{-1}$	ΔV_F /mL(KOH)	ΔV_R /mL(KOH)	ΔV_S /mL(KOH)
1						
2						
3						

2. 数据处理结果（参考表 12-2）

表 12-2　数据记录表 2

编号	转速 n	萃余相浓度 X_R	萃取相浓度 Y_E	平均推动力 ΔX_m	传质单元高度 H_{OR}	传质单元数 N_{OR}	效率 η
1							
2							
3							

六、　思考题

1. 分析比较萃取实验装置与吸收、精馏实验装置的异同点。

2. 从实验结果分析转盘转速变化对萃取传质系数与萃取率的影响。

3. 采用中和滴定法测定原料液、萃取相、萃余相的组成时，标准碱为什么选用 KOH-CH_3OH 溶液，而不选用 KOH-H_2O 溶液？

4. 深入理解热力学第二定律在萃取中的应用，认识科学的魅力。本实验中为了实现液体混合物的分离，要求液体混合物中各组分有哪种物理性质的差异？需要消耗哪种形式的能量？

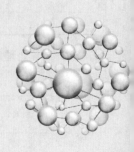

第二部分

化工单元操作实验
——研究设计实验

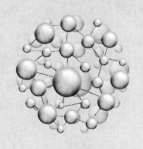

实验 13

连续精馏填料性能评比实验

一、 实验目的

1.掌握影响连续精馏中填料塔分离能力的因素和精馏操作条件的测定与控制方法。

2.在一定实验条件下，对比 θ 形不锈钢压延孔环填料、瓷拉西环填料、玻璃弹簧填料、金属丝网 θ 环填料的分离能力。

3.培养设计、组织、安排实验的能力。

二、 实验原理

精馏塔分为填料塔和板式塔两大类。实验室的精密蒸馏多采用填料塔。填料的型式、规格以及填充方法等都对分离能力及效率有很大影响。填料塔的分离能力常以 1m 高的填料层内所相当的理论塔板数（也叫理论级数）来表示，或者以相当于一块理论塔板的填料层高度，即等板高度（HETP）来表示。根据分离要求以及填料的等板高度可以确定整个填料层高度。

影响分离的因素分为三个方面：物性因素（如物系及其组成，汽液两相的各种物理性质）、设备结构因素（如塔径与塔高，填料的形式、规格和填充方法等）、操作因素（如上升蒸汽速度、回流液体速度、进料状况和回流比等）。

评价精馏柱和填料性能的方法，通常在全回流下测定一定高度的填料层相当的理论塔板数。在全回流操作下，达到给定分离目标所需理论塔板数最少，即设备分离能力达到最大，对填料的分离能力有放大作用，同时全回流操作简便，易于实现。

在全回流操作下，达到给定分离目标所需理论塔板数一般采用解析计算法，文献上称之为芬斯克（Fenske）方程：

$$N_{T,0} = \frac{\ln\left[\left(\dfrac{x_d}{1-x_d}\right)\left(\dfrac{1-x_W}{x_W}\right)\right]}{\ln\alpha_m} - 1 \tag{13-1}$$

$$\alpha_m = \sqrt{\alpha_d \alpha_w} \tag{13-2}$$

式中，x_d、x_W 分别为塔顶馏出液中轻组分组成和塔釜釜残液中轻组分组成，均为摩尔分数；α_d、α_w、α_m 分别为塔顶温度、塔釜温度下相对挥发度及塔顶塔釜的平均相对挥发度；$N_{T,0}$ 为全回流操作下达到给定分离目标所需理论塔板数，或者一定填料高度下精馏设备相当的理论塔板数，块。

填料层的等板高度（理论塔板当量高度）HETP（简写为 $h_{e,0}$）为：

$$h_{e,0} = \frac{h}{N_{T,0}} \tag{13-3}$$

式中，h 为填料层的总高度，mm。

本实验为综合设计性试验，拟采用一定初始组成的乙醇-正丙醇二元混合液，在全回流操作条件下，评比 θ 形不锈钢压延孔环填料、瓷拉西环填料、玻璃弹簧填料、金属丝网 θ 环填料四种填料的分离能力。

预习要点：精馏原理、影响填料塔分离能力的因素、分离能评价方法及参数；阿贝折射仪的使用。

三、仪器与试剂

仪器：θ 形不锈钢压延孔环填料精馏装置、瓷拉西环填料精馏装置、玻璃弹簧填料精馏装置、金属丝网 θ 环填料精馏装置，阿贝折射仪。

实验装置由连续填料精馏柱和精馏塔控制仪两部分组成，实验装置流程及其控制线路如图 13-1 所示。连续填料精馏装置由精馏柱、分馏头（全凝器）、再沸器、原料液高位瓶、原

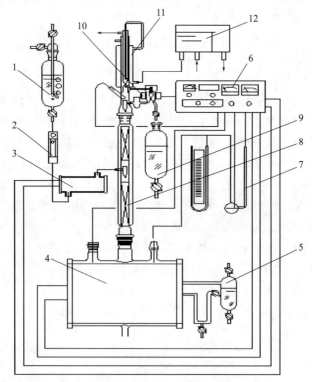

图 13-1 填料塔连续精馏装置

（此装置图参照新华教仪连续精馏装置绘制）

1—原料液高位瓶；2—转子流量计；3—原料液预热器；4—蒸馏釜；5—釜液受器；6—控制仪；7—单管压差计；
8—填料分馏柱；9—馏出液受器；10—回流比调节器；11—分馏头（全凝器）；12—冷却水高位槽

料液预热器、回流比控制器、单管压差计、塔顶、塔釜温度测量与显示系统、塔顶产品收集器、塔釜产品收集器等部分组成。填料型号有 θ 形不锈钢压延孔环填料、瓷拉西环填料、玻璃弹簧填料、金属丝网 θ 环填料四种，填充方式均为乱堆。精馏塔控制仪由四部分组成。通过调节再沸器的加热功率用以控制蒸发量和蒸汽速度，回流比调节器用以调节控制回流比；温度数字显示仪通过选择开关测量各点温度（包括柱顶蒸汽、入塔料液、回流液和釜残液的温度）；预热器温度调节器调节进料温度。

柱顶冷凝器用水冷却，冷却水流量恒定。

试剂：无水乙醇，正丙醇。

四、 实验步骤

1. 实验操作

实验中可采用无水乙醇和正丙醇物系（体积比 1∶3），根据给定实验装置比较一定高度的 θ 形不锈钢压延孔环填料、瓷拉西环填料、玻璃弹簧填料、金属丝网 θ 环填料四种填料的分离能力。

可根据实验目的、内容，参照连续填料精馏柱分离能力测定实验进行。

2. 注意事项

（1）在采集分析试样前，一定要有足够的稳定时间。只有当观察到各点温度和压差恒定后，才能取样分析，并以分析数据恒定为准。

（2）为保证上升蒸汽全部冷凝，冷却水的流量要控制适当，并维持恒定。

（3）预液泛不要过于猛烈，以免影响填料层的填充密度，更须切忌将填料冲出塔体。

（4）再沸器液位始终要保持在加热器以上，以防设备烧裂。

（5）实验完毕后，应先关掉加热电源，待物料冷却后，再停冷却水。

五、 数据处理

1. 根据测定结果，科学设计表格记录实验原始数据。

2. 参照连续填料精馏柱分离能力测定实验进行数据处理。

六、 思考题

1. 为评价不同填料的分离能力，实验中应测定哪些参数？这些参数的控制有何特点？

2. 如何评价实验中不同填料的分离性能？

3. 通过本实验，你是否认识到了团队力量，体会到了团队合作的重要性。你喜欢这样的研究设计实验吗？

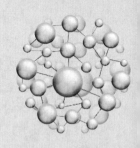

实验 14

流态化曲线与流化床干燥速率曲线测定

一、预习要点

1. 改变气体流速过程中，固体颗粒床层会呈现哪些不同的状态？流化床的特点有哪些？
2. 流态化曲线的测定方法有哪些？什么是临界流化速度？其获得方法有哪些？
3. 什么是恒定条件下干燥？什么是干燥速率、干燥速率曲线？
4. 湿物料湿分含量的表达及测量方法有哪些？
5. 干燥过程可以划分为几个阶段？恒速干燥、降速干燥的机理有何不同？临界湿含量的获取方法有哪些？
6. 流态化干燥的特点有哪些？如何确定流态化干燥实验中所用空气流量？
7. 空气预热的目的是什么？

二、实验目的

1. 掌握流化床干燥装置的基本结构、工艺流程和操作方法。
2. 了解湿物料中湿含量的表示方法、测定方法。
3. 掌握根据干燥曲线求取干燥速率曲线、恒速阶段干燥速率、临界湿含量、平衡湿含量的方法。

三、实验原理

在设计干燥器的尺寸、确定干燥器的生产能力时，被干燥物料在给定干燥条件下的干燥速率、临界湿含量、平衡湿含量等干燥特性数据是最基本的技术依据参数。对于被干燥物料，其干燥特性数据需要通过实验测定来取得。

按干燥过程中空气状态参数是否变化，可将干燥过程分为恒定干燥条件操作和非恒定干燥条件操作两大类。若用大量空气干燥少量物料，可以认为湿空气在干燥过程中温度、湿度均不变。同时，保证气流速度以及气流与物料的接触方式不变，这种操作称为恒定干燥条件下的干燥操作。

1. 流化床干燥

使空气以不同的流速自下而上流经一定高度及堆积密度的颗粒床层，当空气的表观速度（u_0，按床层截面计算）较小时，颗粒之间保持静止并互相接触，此时床层称为固定床（如图 14-1 所示）。当速度增大至临界流化速度（$u_{m,f}$）时，单位面积床层压力降（Δp）等于颗粒的重力减去其所受浮力，颗粒开始悬浮于流体之中。进一步提高空气速度，床层随之膨胀，床层压力降基本保持不变（如图 14-2 所示），但是颗粒运动加剧。此时床层称为流化床。当表观速度大于颗粒的自由沉降速度时，颗粒被空气带走，床层由流化床阶段进入移动床阶段。由于在流态化状态下，固体颗粒可以悬浮于空气中，从而使每个颗粒具有与空气之间最大的传热、传质面积，并保证所有颗粒具有相同的传热推动力与传质推动力，因而流态化状态下的干燥可以提高产品质量、缩短干燥时间。

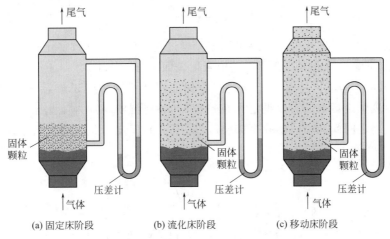

(a) 固定床阶段　　　　(b) 流化床阶段　　　　(c) 移动床阶段

图 14-1　固体颗粒与流体接触的不同类型

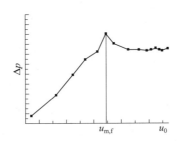

图 14-2　流体流经固定床和流化床时的压力降

2. 干燥速率的定义

干燥速率定义为单位干燥面积（提供湿分汽化的面积）、单位时间内所除去的湿分质量，即：

$$U = \frac{dW}{A d\tau} = -\frac{G_C dX}{A d\tau} \qquad kg \cdot m^{-2} \cdot s^{-1} \qquad (14\text{-}1)$$

式中，U 为干燥速率，又称干燥通量，$kg \cdot m^{-2} \cdot s^{-1}$；$A$ 为干燥表面积，m^2；W 为汽化的湿分量，kg；τ 为干燥时间，s；G_C 为绝干物料的质量，kg；X 为物料的干基湿含量（定义为湿分质量与绝干物料的质量之比）$kg \cdot kg^{-1}$，负号表示 X 随干燥时间的增加而减少。

3. 干燥速率的测定方法

（1）方法一

① 开启电子天平，待用。

② 开启快速水分测定仪，待用。

③ 将一定质量的湿物料取出，并用干毛巾吸干表面水分，待用。

④ 开启风机，调节风量至一定流量（应保证湿物料颗粒处于流态化），打开加热器加热。待热风温度恒定后（通常可设定在 $60 \sim 80℃$），将湿物料加入流化床中，开始计时，每过 4min 取出 10g 左右的物料，同时读取床层温度。将取出的湿物料在快速水分测定仪中测定，得初始质量 m_i 和终了质量 m_{iC}（认定为绝干物料质量 m_C）。则物料中瞬间干基含水率 X_i 为：

$$X_i = \frac{m_i - m_{iC}}{m_{iC}} \tag{14-2}$$

（2）方法二　利用床层的压力降来测定干燥过程的湿含量（数字化实验设备可用此法）。

① 将一定量湿物料取出，并用干毛巾吸干表面水分，待用。

② 开启风机，调节风量至一定流量（应保证湿物料颗粒处于流态化），打开加热器加热。待热风温度恒定后（通常可设定为 $60 \sim 80℃$），将湿物料加入流化床中，开始计时，此时床层的压差将随时间减小，实验至床层压差（Δp_e）恒定为止。则物料中瞬间干基含水率 X_i 为：

$$X_i = \frac{\Delta p - \Delta p_e}{\Delta p_e} \tag{14-3}$$

式中，Δp 为时刻 τ 时床层的压差。

计算出每一时刻的瞬间干基含水率 X_i，然后将 X_i 对干燥时间 τ_i 作图，如图 14-3 所示，即为干燥曲线。

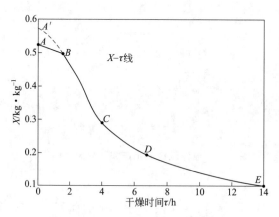

图 14-3　恒定干燥条件下的干燥曲线

根据干燥曲线，由已测得的干燥曲线求出不同 X_i 下的斜率 $\dfrac{dX_i}{d\tau_i}$，再由式（14-1）计算得到干燥速率 U，将 U 对 X 作图，得到干燥速率曲线，如图 14-4 所示。

将床层的温度对时间作图，可得床层的温度与干燥时间的关系曲线。

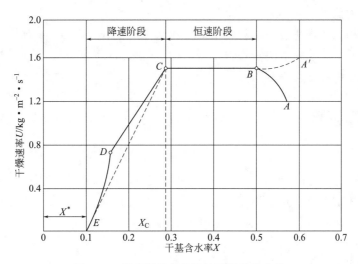

图 14-4 恒定干燥条件下的干燥速率曲线

4.干燥过程分析（湿分以水分为例）

（1）预热段 如图 14-3、图 14-4 中的 AB 段或 $A'B$ 段所示。物料在预热段中，干基含水率略有下降，温度则升至湿球温度 T_W，干燥速率可能呈上升趋势变化，也可能呈下降趋势变化。预热段经历的时间很短，通常在干燥计算中忽略不计，有些干燥过程可能没有预热段。

（2）恒速干燥阶段 如图 14-3、图 14-4 中的 BC 段所示。该段物料水分不断汽化，干基含水率不断下降。但由于这一阶段去除的是物料表面附着的非结合水分，水分去除的机理与纯水的相同。在恒定干燥条件下，物料表面始终保持为湿球温度 T_W，传质推动力保持不变，因而干燥速率也不变，在图 14-4 中的 BC 段为水平线。

只要物料表面保持足够湿润，物料的干燥过程中总处于恒速阶段。而该段的干燥速率大小取决于物料表面水分的汽化速率，即取决于物料外部的空气干燥条件。因而，BC 阶段又称为表面汽化控制阶段。

（3）降速干燥阶段 随着干燥过程的进行，物料内部水分移动到表面的速度小于表面水分的汽化速度，物料表面局部出现"干区"，尽管这时物料其余表面的平衡蒸汽压仍与纯水的饱和蒸汽压相同，但以物料全部外表面计算的干燥速率因"干区"的出现而降低，此时物料中的含水率称为临界湿含量，用 X_C 表示，对应图 14-4 中的 C 点，称为临界点。过 C 点以后，干燥速率逐渐降低至 D 点，C 至 D 阶段称为第一降速阶段。

干燥到点 D 时，物料全部表面都成为"干区"，汽化面逐渐向物料内部移动，汽化所需的热量必须通过已被干燥的固体层才能传递到汽化面；从物料中汽化的水分也必须通过这一干燥层才能传递到空气主流中。干燥速率因热、质传递的途径加长而下降。此外，在点 D 以后，物料中的非结合水分已被除尽。接下去所汽化的是各种形式的结合水，因而，平衡蒸汽压将逐渐下降，传质推动力减小，干燥速率也随之较快降低，直至到达点 E 时，速率降为零。这一阶段称为第二降速阶段。

降速阶段干燥速率曲线的形状随物料内部的结构而异，不一定都呈现图 14-4 中的 CDE 形状。对于多孔性物料，可能降速两个阶段的界限不太明显，曲线只有 CD 段；对于一些无孔性吸水物料，汽化只在表面进行，干燥速率取决于固体内部水分的扩散速率，故降速阶段

只有类似 *DE* 段的曲线。

与恒速阶段相比，降速阶段从物料中除去的水分量相对少许多，但所需的干燥时间明显加长。降速阶段的干燥速率取决于物料本身结构、形状和尺寸，而与气流状况关系不大，故降速阶段又称物料内部迁移控制阶段。

四、仪器与试剂

1. 实验装置

实验装置流程如图 14-5 所示。空气由风机送入，经电加热器预热后进入干燥器，与被干燥物料进行对流传热后，从干燥器中流出并进入旋风分离器后放空。湿空气的流量由流量计测量。湿物料与热空气在干燥床内进行传热、传质。

2. 实验材料

（1）流态化实验物料：硅胶颗粒。

（2）流化床干燥物料：湿硅胶颗粒。

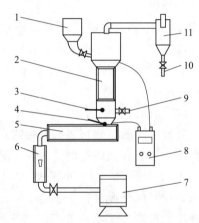

图 14-5　流化床干燥实验装置流程

（此装置图参照浙大中控流态化干燥实验仪器绘制）

1—加料斗；2—床层（可视部分）；3—床层测温点；4—出加热器热风测温点；5—风加热器；
6—转子流量计；7—风机；8—数字压力表；9—取样口；10—排灰口；11—旋风分离器

五、实验步骤

1. 流态化曲线测定操作

（1）向设备内加入适量硅胶颗粒。

（2）打开仪表控制柜电源开关、数字压力表开关，空气流量调节阀关闭状态下开启风机。

（3）缓慢打开流量调节阀，在流量计指示范围内测量床层压力降随流量变化情况，记录实验数据。

（4）关闭流量调节阀，关闭风机。

（5）卸料。将硅胶用水浸湿、滤干后备用。

2. 流化床干燥速率曲线测定操作

（1）缓慢打开流量调节阀，参照流态化实验选择、调节一个空气流量（所选流量应保证干燥过程颗粒呈流态化状态）。

（2）打开加热器开关，调节加热功率，加热，使空气出口温度控制在 $60\sim80℃$ 内。

（3）待床层进口处空气温度恒定后，将湿硅胶迅速加入流化床；关闭放空阀，每隔 $1\sim2\min$ 记录床层压力降 Δp、床层温度随时间变化情况，直至床层压力降恒定，记录实验数据。

（4）关闭加热器电源、数字压力表开关；待空气出口温度降至近室温后，关闭空气流量调节阀。关闭风机，切断总电源。

（5）卸料。

3. 注意事项

（1）风机的启动和关闭必须严格遵守操作步骤。无论是开机、停机或调节流量，必须缓慢地开启或关闭阀门。

（2）流态化曲线测定中，当流量调节值接近临界点时，阀门调节须细微，注意床层及压力降变化。

（3）干燥器内必须有空气流过才能开启加热，防止干烧损坏加热器，出现事故。

（4）床层压力降不能超过压力表测试量程范围。

六、 数据处理

1. 实验数据记录（参考表 14-1 和表 14-2）

表 14-1　流态化曲线测定实验数据

空气流量 $q_V/\mathrm{m^3 \cdot h^{-1}}$					
床层压力降 $\Delta p/\mathrm{Pa}$					

表 14-2　流化床干燥实验数据

空气流量 $q_V=$ 　　 $\mathrm{m^3 \cdot h^{-1}}$　空气进口温度 $T=$ 　　 ℃

干燥时间 $\tau/\min$					
床层压力降 $\Delta p/\mathrm{Pa}$					
床层温度/℃					

2. 实验数据处理

（1）根据表 14-1 中数据，利用下式计算空气的表观速度 u_0，作出 Δp- u_0 曲线，用作图法求出临界流化速度 $u_{\mathrm{m,f}}$。

$$u_0 = \frac{4q_V}{\pi d^2} \tag{14-4}$$

式中，$d=100\mathrm{mm}$。

（2）根据流化床干燥实验数据，利用式（14-3）求出不同干燥时间下的 X_i；利用 X_i 与 τ 结果绘制干燥曲线、干燥速率曲线，并求出恒定干燥速率、临界湿含量、平衡湿含量。

七、 思考题

1. 流化床下的干燥有何特点？

2. 空气流量或温度对恒定干燥速率有什么影响？

3. 恒速干燥阶段与降速干燥阶段的机理有何不同？

4. 临界湿含量在实际干燥操作中有何应用意义？

5. 通过本实验，你是否了解了科学研究的程序、步骤以及重要性？是否能够对提升你的实验研究能力有所帮助？

6. 本实验中用到了鼓风机，在负压救护车内有什么黑科技呢？涉及哪种流体输送设备？

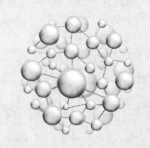

第三部分

化工工艺仿真实验

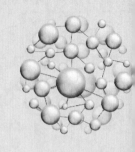

实验 15

氯乙酸生产工艺 3D 虚拟仿真实验

一、 实验目的

氯乙酸是一种重要的精细化工中间体，国内现有生产厂家 100 余家。氯乙酸是草胺类除草剂、维生素 B6 及巴比妥类等药物、合成树脂、表面活性剂、氰基乙酸等有机合成的中间体，还是制备乙二胺四乙酸、羧甲基纤维素钠的羧甲基化剂。同时，它还是淀粉胶黏剂的酸化剂以及生产靛蓝染料的原料。氯乙酸合成反应中原料及产品具有易燃、易爆、剧毒等特点，不适合在实验教学中开设实物实验；同时，由于操作安全等原因，亦不宜安排生产实习。而氯乙酸生产工艺涵盖化学工程中流体流动与输送、传热、化学反应、结晶、过滤、吸收等多种典型化工单元操作，以及温度、压力、流量、液位等热工参数的测量与控制。因此，河北大学化学与环境学院化工组教学人员与北京东方仿真软件技术有限公司技术人员，以河北某氯乙酸工业的氯乙酸合成工艺为背景，开发、完成了"氯乙酸生产工艺 3D 虚拟仿真实验"。该实验已经被认定为 2018 年度化学类国家级虚拟仿真实验项目（实验空间：www.ilab-x.com；易思在线 http：//nvse. es-online. com. cn/Project/Detail？id＝105154）。通过该仿真实验学习，要求：

（1）掌握氯乙酸合成化学反应的基本原理，熟悉原料及产品的物化特性；

（2）掌握氯乙酸生产工艺基本流程；

（3）了解典型设备的结构及运行原理；

（4）了解工厂厂区布局特点，培养安全生产意识；

（5）熟练完成氯乙酸工艺认识实习操作，掌握工艺、设备、安全、仪表类知识点内容；

（6）熟练完成氯乙酸工艺生产实习操作，掌握离心泵等化工设备的正确操作方法，了解温度、压力等工艺参数的调节、控制方法及其对产品质量控制的重要性。

二、 反应原理

本仿真实验模拟以乙酸和液氯为原料，在硫黄催化下制备氯乙酸，同时副产盐酸的工艺过程。基本反应如下：

主反应　　$CH_3COOH + Cl_2 \xrightarrow[\triangle]{S} ClCH_2COOH + HCl\uparrow$（放热反应）

主要副反应　　$2Cl_2 + CH_3COOH \xrightarrow{\triangle} Cl_2CHCOOH + 2HCl\uparrow$

反应机理（历程）自行分析。

三、原料及产品物理特性

氯乙酸生产过程所用主要原辅材料及中间产物的理化特征详见表15-1。

表 15-1　原料及产品理化性质一览表

氯乙酸	分子式	$ClCH_2COOH$	分子量	94.49
	危险性类别	第8.1类　酸性腐蚀品	CAS编号	79-11-8
	UN编号	1750	危险货物编号	81603
	外观与性状	无色结晶，有潮解性	相对密度（水=1）	3.26
	溶解性	溶于水、乙醇、乙醚、氯仿	引燃温度	>500℃
	熔点	63℃	爆炸上限%（体积分数）：	无资料
	沸点	189℃	爆炸下限%（体积分数）：	8.0
	饱和蒸气压	0.67kPa(71.5℃)	稳定性	稳定
	毒性	急性毒性:大鼠经口半致死剂量(LD_{50}):76mg/kg 小鼠LD_{50}:255mg/kg 大鼠吸入半致死浓度(LC_{50}):180mg/m³		
硫黄	分子式	S	分子量	32.06
	危险性类别	第4.1类　易燃固体	CAS编号	7704-34-9
	UN编号	1350	危险货物编号	41501
	外观与性状	黄绿色有刺激性气味的气体;淡黄色脆性结晶或粉末,有特殊臭味		
	溶解性	溶于二硫化碳,不溶于水,略溶于乙醇和醚类		
	熔点	114℃	相对密度（水=1）	2.0
	沸点	444.6℃	闪点	207℃
	饱和蒸气压	0.13kPa(183.8℃)	稳定性	稳定
	毒性	大鼠LD_{50}:8437mg/kg		
液氯	分子式	Cl_2	分子量	70.91
	危险性类别	第2.3类　有毒气体	CAS编号	7782-50-5
	UN编号	1017	危险货物编号	23002
	外观与性状	黄绿色有刺激性气味气体	溶解性	易溶于水、碱液
	熔点	−101℃	相对密度（水=1）	1.47
	沸点	−34.5℃		
	饱和蒸气压	506.62kPa(10.3℃)	稳定性	稳定
	毒性	大鼠LC_{50}:850mg/m³(1h)		

	分子式	NaOH	分子量	40.01
	危险性类别	第8.2类 碱性腐蚀品	CAS 编号	1310-73-2
	UN 编号	1823	危险货物编号	18248
	外观与性状	白色不透明固体,易潮解		
氢氧化钠	溶解性	易溶于水、乙醇、甘油,不溶于丙酮		
	熔点	318.4℃	相对密度(水=1)	2.12
	沸点	1390℃	闪点	无意义
	饱和蒸气压	0.13kPa(183.8℃)	稳定性	稳定
	毒性	腹注-小鼠 LD_{50}:40mg/kg		
	分子式	S_2Cl_2	分子量	135.04
	危险性类别	第8.1类 酸性腐蚀品	CAS 编号	10025-67-9
	UN 编号	1828	危险货物编号	81032
	外观与性状	发红光的暗黄色液体,在空气中发烟并有刺激性气味		
二氯化硫	溶解性	溶于乙醇、苯、醚、二硫化碳、四氯化碳		
	熔点	−80℃	相对密度(水=1)	1.69
	沸点	138℃	相对密度(空气=1)	4.7
	饱和蒸气压	1.33kPa(19℃)	稳定性	稳定
	毒性	大鼠 LD_{50}:132mg/kg 小鼠 LC_{50}:150mg/m^3		
	分子式	C_2H_3ClO	分子量	78.498
	危险性类别		CAS 编号	75-36-5
	UN 编号	1717 3/PG 2	危险货物编号	11-14-34-40-36/38
乙酰氯	蒸气密度	2.7(空气=1)	饱和蒸气压	45kPa(25℃)
	性状	有强烈臭味无色发烟液体	毒性	LD_{50}930mg/kg
	沸点	46℃	密度	$1.1×10^3$ kg/m^3
	熔点	−112℃	闪点	4.4℃
	分子式	$C_2H_2Cl_2O$;$ClCH_2CClO$	分子量	112.95
	危险性类别	第8.1类 酸性腐蚀品	CAS 编号	79-40-9
	UN 编号	1752	危险货物编号	81118
	外观与性状	无色透明液体,有刺激性气味		
氯乙酰氯	溶解性	溶于丙酮,可混溶于乙醚		
	熔点	−22.5℃	相对密度(水=1)	1.50
	沸点	107℃	相对密度(空气=1)	3.9
	饱和蒸气压	8.00kPa(41.5℃)	稳定性	稳定
	毒性	大鼠 LD_{50}:208mg/kg 小鼠 LD_{50}:220mg/kg		

氯化氢	分子式	HCl	分子量	36.46
	危险性类别	第2.3类有毒气体	CAS编号	7647-01-10
	UN编号	1050	危险货物编号	22022
	外观与性状	无色有刺激性气味的气体		
	溶解性	易溶于水	相对密度(空气=1)	1.27
	熔点(℃)	−114.2℃	相对密度(水=1)	1.19
	沸点(℃)	−85.0℃	闪点	/
	饱和蒸气压	4225.6kPa(20℃)	稳定性	稳定
	毒性	兔经口 LD_{50}:400mg/kg; 大鼠 LC_{50}:4600mg/m³(1h)		
二氧化硫	分子式	SO_2	分子量	64.06
	危险性类别	第2.3类有毒气体	CAS编号	7446-09-5
	UN编号	1079	危险货物编号	23013
	外观与性状	无色气体,具有窒息性特臭		
	溶解性	溶于水、乙醇	相对密度(空气=1)	2.26
	熔点	−75.5℃	相对密度(水=1)	1.43
	沸点	−10℃	闪点	/
	饱和蒸气压	338.42kPa(21.1℃)	稳定性	稳定
	毒性	急性毒性:大鼠 LC_{50}:6600mg/m³(1h) 刺激性:家兔经眼:6ppm/4h,32d,轻度刺激 致突变性:DNA损伤:人淋巴细胞5700×10⁻⁹ DNA抑制:人淋巴细胞5700×10⁻⁹		
乙酸	分子式	$C_2H_4O_2$	分子量	60.05
	危险性类别	第8.1 类酸性腐蚀品	CAS编号	232-236-7
	UN编号	2789	危险货物编号	81601
	外观与性状	无色透明液体,有刺激性酸臭		
	溶解性	溶于水、醚、甘油,不溶于二硫化碳		
	熔点	16.7℃	相对密度(水=1)	1.05
	沸点	118.1℃	闪点	39℃
	饱和蒸气压	2.07kPa(20℃)	稳定性	稳定
	毒性	大鼠 LD_{50}:3530mg/kg 小鼠 LC_{50}:13791mg/m³(1h)		

四、工艺流程

图 15-1 为氯乙酸工艺流程总图,工艺主要包括乙酸进料、液氯汽化、氯化反应、尾气处理、氯乙酸分离。流程中涉及的主要生产设备、仪表详见表 15-2、表 15-3。

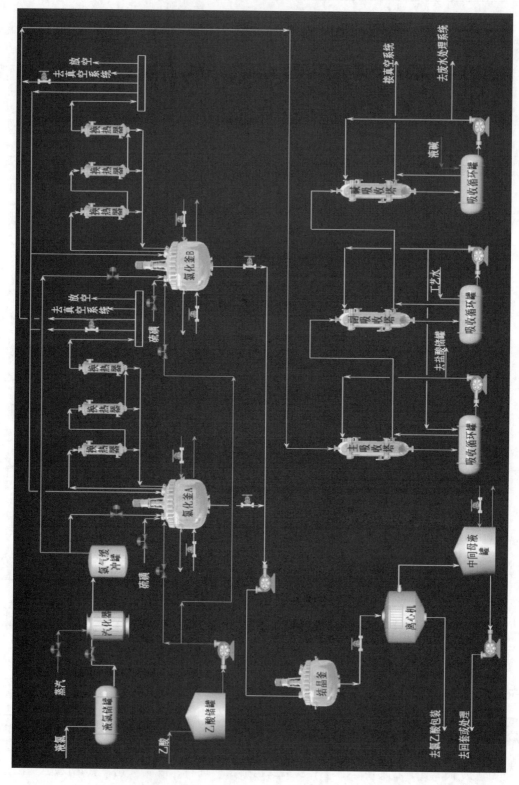

图 15-1　氯乙酸工艺流程总图

表 15-2 主要生产设备

序号	设备名称	设备位号
1	反应釜	R201A/B
2	结晶釜	V301
3	降膜吸收器	C401-C403
4	反应釜冷凝器	E201-E206
5	立式平板离心机	M301
6	母液泵	P509-P516
7	盐酸泵	P401A/B
8	母液回收泵	P301A/B
9	乙酸泵	P501-P502
10	母液罐	V505-V506
11	离心机母液回收罐	V302
12	液氯储罐	V101
13	液氯汽化器	E101
14	氯气缓冲罐	V102
15	乙酸储罐	V501-V504
16	盐酸罐	V507-V508

表 15-3 化工参数仪表

序号	位号	单位	正常值	说明
1	LI101	%	80	液氯储罐液位
2	LI301	%	50	离心机母液回收罐液位
3	LI501	%	80	乙酸储罐液位
4	PI101	MPa	0.5	液氯储罐压力
5	PI102	MPa	0.15~0.25	氯气缓冲罐压力
6	PI201	MPa	0.1	氯化釜 A 压力
7	PI202	MPa	0.05	氯化釜 B 压力
8	PI203	MPa	0.1	中天管 A 压力
9	PI204	MPa	0.05	中天管 B 压力
10	TI101	℃	60	液氯汽化器温度
11	TI201	℃	105	氯化釜 A 温度
12	TI202	℃	80	氯化釜 B 温度
13	TI301	℃	55	结晶釜温度
14	FI201	kg/h	15000	氯气进氯化釜 A 流量
15	FI202	kg	12310	乙酸进氯化釜 A 流量
16	FI203	kg/h	15000	氯气进氯化釜 B 流量
17	FI204	kg	12310	乙酸进氯化釜 B 流量
18	FI301	kg/h	100000	氯化液进结晶釜流量

1. 乙酸进料

乙酸储罐中的乙酸经乙酸泵送出，经流量调节阀自动调节乙酸的进料量，分别进入主氯化釜和副氯化釜，提供氯化反应原料。乙酸进料工艺流程现场图以及分布式控制系统（DCS）分别如图15-2和图15-3所示。

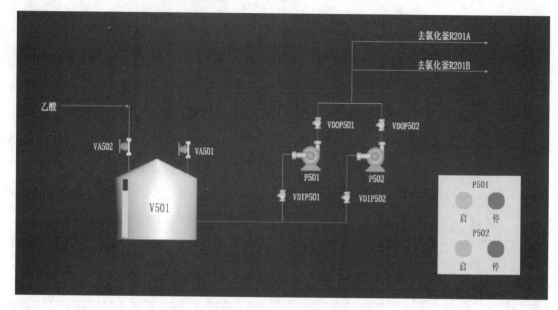

图 15-2　乙酸进料流程现场

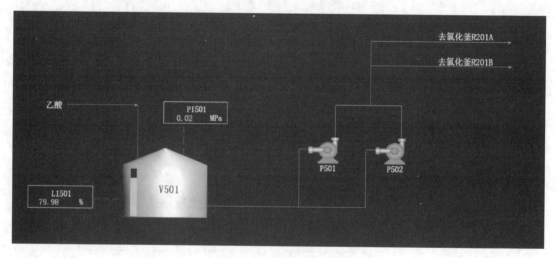

图 15-3　乙酸进料 DCS

2. 液氯汽化

液氯由液氯储罐引出，经气动调节阀进入汽化器汽化。产生的氯气流量根据后系统工艺需要由缓冲罐上的压力反馈自行调节。气化器采用水浴加热，热水温度控制在 60℃。汽化后的氯气进入氯气缓冲罐供生产车间使用。液氯汽化工艺现场及 DCS 分别如图15-4和图15-5所示。

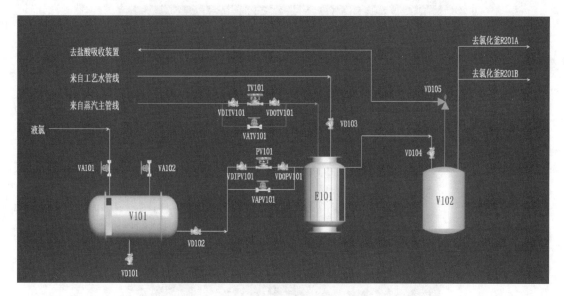

图 15-4　液氯汽化现场工艺

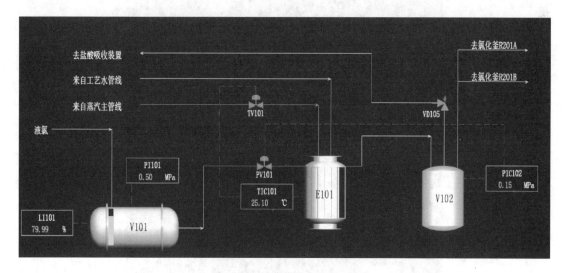

图 15-5　液氯汽化 DCS 工艺

3. 氯化工序

生产设计依照每批生产 17.01t 氯乙酸安排生产设备及原料进料。

将 12310kg 冰乙酸、300kg 硫黄分别投入主氯化釜、副氯化釜，预热至 80℃后将氯气通入主氯化釜。反应中，要求温度不超过 105℃，压力不超过 0.1MPa。未反应完的氯气及副产的氯化氢和反应中间体进入主氯化反应釜上的冷凝器进行冷却。冷凝液返回到主氯化釜内，未冷凝气体进入副氯化反应釜继续反应，副反应釜温度低于 80℃。来自副釜的尾气经冷凝器冷却后，冷凝液返回氯化釜，未冷凝气体进入吸收塔吸收制备盐酸，尾气最后放空。当反应釜内物料相对密度达到 1.355，停止通入氯气。反应终点氯化液指标：氯乙酸≥92%，二氯乙酸含量≤6.5%，乙酸含量＜1.5%。出料完毕，重新投入乙酸，进行新一轮的循环生产。氯化工艺现场及 DCS 分别如图 15-6 和图 15-7 所示。

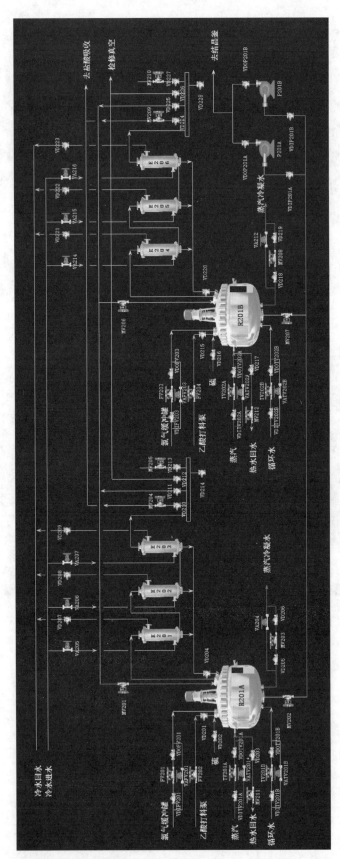

图 15-6　氯化工艺现场

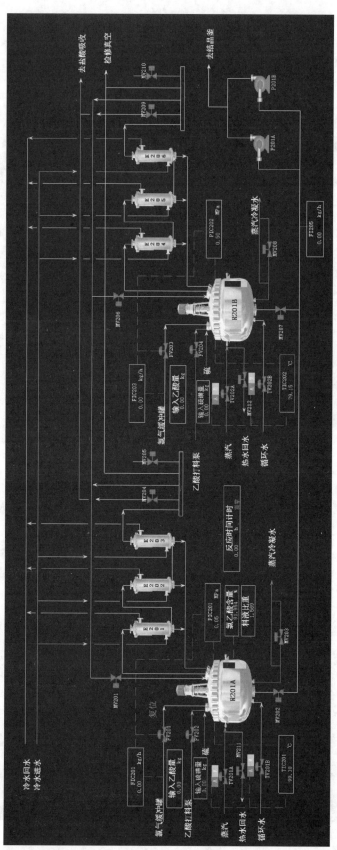

图 15-7　氯化工艺 DCS

4. 结晶离心

将合成好的氯化液经倒料泵全部转入析晶罐。开启搅拌以及工艺冷却水，缓慢降温析晶，也可同时由母液储罐向析晶罐加入母液降温。析晶完闭，开启离心机，向离心机均匀放料，进行离心分离。结晶工艺现场及 DCS 分别如图 15-8 和图 15-9 所示。

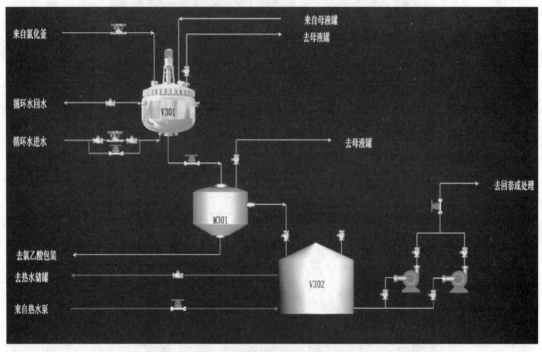

图 15-8　结晶工艺现场

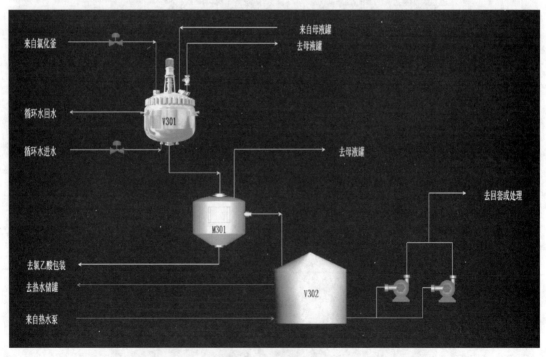

图 15-9　结晶工艺 DCS

5. 尾气吸收

氯化反应产生的尾气经尾气冷凝器冷却、冷凝，冷凝液回氯化釜，不凝的氯化氢气体和极少量的氯气、二氧化硫、乙酰氯、乙酸蒸气经两级降膜吸收塔吸收生成副产品盐酸，再经第三级降膜吸收器用碱液吸收后，尾气由真空系统排出。吸收工艺现场及 DCS 分别如图 15-10 和图 15-11 所示。

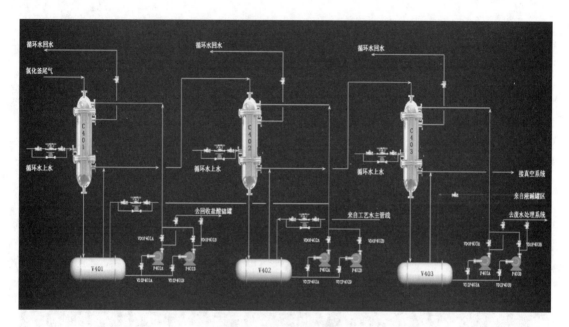

图 15-10 吸收工艺现场

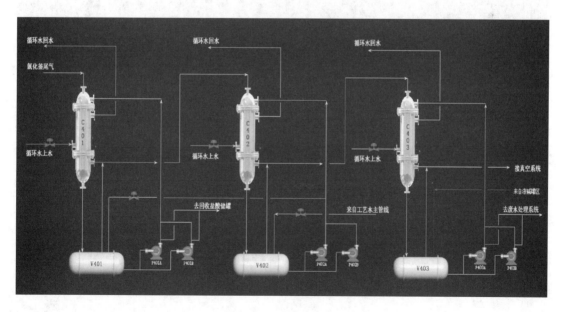

图 15-11 吸收工艺 DCS

五、 设备布置

设备在车间、厂房内的平面布置与立面布置如图 15-12～图 15-16 所示。

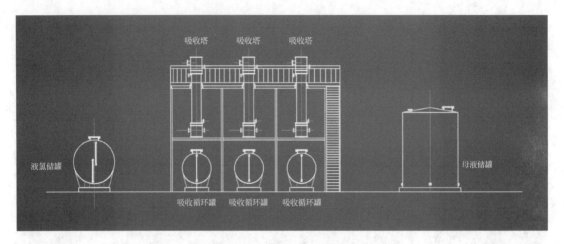

图 15-12　厂房前方立面图

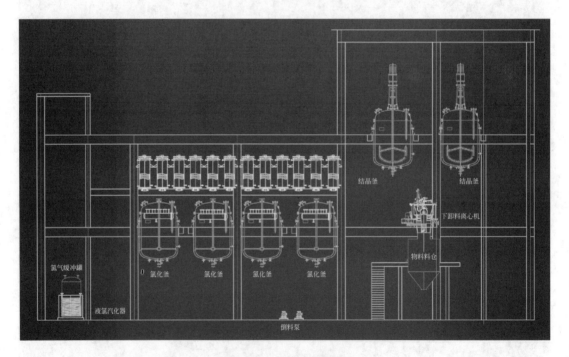

图 15-13　厂房内立面图

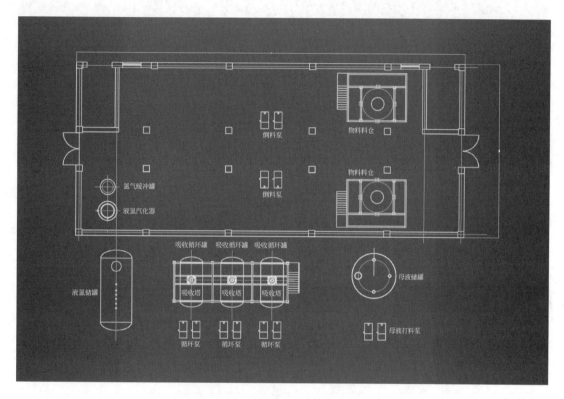

图 15-14　厂房一层及厂房前方平面图

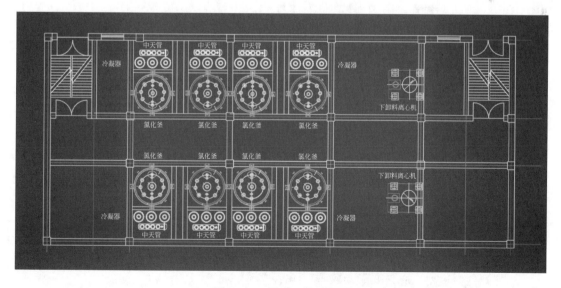

图 15-15　厂房二层平面图

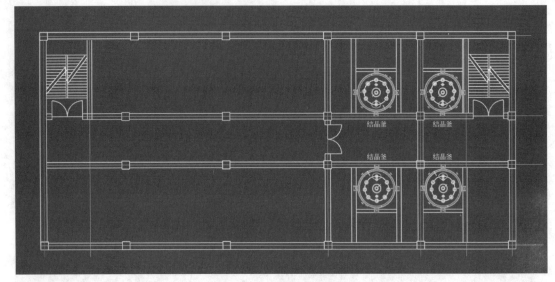

图 15-16　厂房三层平面图

六、　实验任务

1. 认识实习实验

在任务引领模式下，借助于文字、视频、动画等多媒体资料学习有关工艺、设备、安全、化工仪表的四大类知识。

2. 生产实习

【注意】仿真实验操作前，应关闭 360 杀毒软件、windows 防火墙，采用火狐、谷歌、Microsoft edge 等浏览器，电脑键盘处于英文输入法状态。

氯乙酸冷态开车操作过程如下。

（1）乙酸及硫催化剂进料

① 打开乙酸泵入口阀 VDIP501；

② 启动乙酸泵 P501；

③ 打开乙酸泵出口阀 VDOP501；

④ 打开乙酸进主反应釜 A 手动阀 VD201；

⑤ 设定乙酸向氯化釜 A 投料 10000～15000kg（正常值为 12310kg），自动进料，控制阀 FV202 开；

⑥ 乙酸计量达到设定值时，自动关闭控制阀 FV202；

⑦ 打开阀 VD202；

⑧ 向氯化釜 A 中加入硫催化剂 200～400kg（正常值为 300kg）；

⑨ 关闭阀 VD202；

⑩ 打开乙酸进副反应釜 B 手动阀 VD215；

⑪ 设定乙酸向氯化釜 B 投料 10000～15000kg（正常值为 12310kg），自动进料，控制阀 FV204 开；

⑫ 乙酸计量达到 12310kg 时，自动关闭控制阀 FV204；

⑬ 打开阀 VD216；

⑭ 向氯化釜 B 中加入硫催化剂 200~400kg（正常值为 300kg）；

⑮ 关闭阀 VD216。

（2）液氯汽化

① 打开液氯汽化器工艺水进口阀 VD103，向汽化器补水；

② 汽化器水的液位超过换热列管后，关闭水进口阀 VD103；

③ 打开液氯汽化器加热蒸汽调节阀前阀 VDITV101；

④ 打开液氯汽化器加热蒸汽调节阀后阀 VDOTV101；

⑤ 在液氯汽化 DCS 界面调节控制阀 TIC101，控制温度为 60℃；

⑥ 操作稳定后，适时将 TIC101 投自动（时刻关注参数变化，如有波动，手动调节）；

⑦ 设定 TIC101 温度为 60℃；

⑧ 打开液氯储罐出口阀 VD102；

⑨ 打开氯气进缓冲罐阀 VD104；

⑩ 打开液氯进汽化器调节阀前阀 VDIPV101；

⑪ 打开液氯进汽化器调节阀后阀 VDOPV101；

⑫ 在液氯汽化 DCS 界面调节控制阀 PIC102，控制压力为 0.15MPa；

⑬ 操作稳定后，适时将 PIC102 投自动（时刻关注参数变化，如有波动，手动调节）；

⑭ 设定 PIC102 压力为 0.15MPa。

（3）氯化反应

① 打开主釜 A 尾气一级冷凝器 E201 进水阀 VA205；

② 打开主釜 A 尾气一级冷凝器 E201 出水阀 VD207；

③ 打开主釜 A 尾气二级冷凝器 E202 进水阀 VA206；

④ 打开主釜 A 尾气二级冷凝器 E202 出水阀 VD208；

⑤ 打开主釜 A 尾气三级冷凝器 E203 进水阀 VA207；

⑥ 打开主釜 A 尾气三级冷凝器 E203 出水阀 VD209；

⑦ 打开冷凝器回流阀 VD204；

⑧ 打开主釜中天管尾气去副釜阀门 VD211；

⑨ 打开尾气进副釜阀门 MV206；

⑩ 打开副釜 B 尾气一级冷凝器 E204 进水阀 VA214；

⑪ 打开副釜 B 尾气一级冷凝器 E204 出水阀 VD221；

⑫ 打开副釜 B 尾气二级冷凝器 E205 进水阀 VA215；

⑬ 打开副釜 B 尾气二级冷凝器 E205 出水阀 VD222；

⑭ 打开副釜 B 尾气三级冷凝器 E206 进水阀 VA216；

⑮ 打开副釜 B 尾气三级冷凝器 E206 出水阀 VD223；

⑯ 打开冷凝器回流阀 VD220；

⑰ 打开尾气去盐酸吸收系统阀 VD224；

⑱ 打开尾气去盐酸吸收系统阀 MV209；

⑲ 打开氯化釜 A 循环水控制阀前阀 VDITV201B；

⑳ 打开氯化釜 A 循环水控制阀后阀 VDOTV201B；

㉑ 打开循环水回水手动阀 VD203；

㉒ 打开蒸汽冷凝水回水阀 VD205；

㉓ 打开蒸汽冷凝水回水阀 VD206；

㉔ 打开蒸汽控制阀前阀 VDITV201A

㉕ 打开蒸汽控制阀后阀 VDOTV201A；

㉖ 在氯化工艺 DCS 界面，蒸汽控制阀 TV201A 选择自动模式（A）；

㉗ 在氯化工艺 DCS 界面，循环水控制阀 TV201B 选择自动模式（A）；

㉘ 在氯化工艺 DCS 界面，调节控制阀 TIC201，使主氯化釜温度达到 80℃；

㉙ 操作稳定后，适时将 TIC201 投自动（时刻关注参数变化，如有波动，手动调节）；

㉚ 温度控制器 TIC201 设定温度 80℃；

㉛ 打开氯化釜 B 循环水控制阀前阀 VDITV202B；

㉜ 打开氯化釜 B 循环水控制阀后阀 VDOTV202B；

㉝ 打开循环水回水手动阀 VD217；

㉞ 打开蒸汽冷凝水回水阀 VD218；

㉟ 打开蒸汽冷凝水回水阀 VD219；

㊱ 打开蒸汽控制阀前阀 VDITV202A；

㊲ 打开蒸汽控制阀后阀 VDOTV202A；

㊳ 在氯化工艺 DCS 界面，蒸汽控制阀 TV202A 选择自动模式（A）；

㊴ 在氯化工艺 DCS 界面，循环水控制阀 TV202B 选择自动模式（A）；

㊵ 在氯化工艺 DCS 界面，调节控制阀 TIC202，使副氯化釜温度达到 65℃；

㊶ 操作稳定后，适时将 TIC202 投自动（时刻关注参数变化，如有波动，手动调节）；

㊷ 温度控制器 TIC202 设定温度 65℃；

㊸ 打开主釜 A 氯气调节阀前阀 VDIFV201；

㊹ 打开主釜 A 氯气调节阀后阀 VDOFV201；

㊺ 在氯化工艺 DCS 界面，调节控制阀 FIC201，使流量达到 $15000kg \cdot h^{-1}$；

㊻ 操作稳定后，适时将 FIC201 投自动（时刻关注参数变化，如有波动，手动调节）；

㊼ 设定 FIC201 的流量为 $15000kg \cdot h^{-1}$；

㊽ 将控制器 TIC201 投手动，调节温度为 100～104℃，稳定后投自动；

㊾ 将控制器 TIC202 投手动，调节温度为 75～79℃，稳定后投自动；

㊿ 主反应釜 A 通氯气 5～6h 后提高通氯量至 $18000kg \cdot h^{-1}$；

○51 反应 15h 后降低通氯速度至 $10000kg \cdot h^{-1}$，及时监测反应料液相对密度；

○52 料液相对密度达到 1.355 以后，关闭主反应釜 A 氯气进气阀门 FV201；

○53 关闭液氯汽化蒸汽控制阀 TV101；

○54 关闭液氯进汽化器控制阀 PV101；

○55 关闭主釜 A 中天管尾气去副釜阀门 VD211；

○56 打开中天管尾气去盐酸吸收系统阀门 VD210；

○57 打开中天管尾气去盐酸吸收系统阀门 MV204；

○58 在氯化工艺 DCS 界面，将主反应釜温度控制到 120℃；

○59 温度达到 120℃后，将温度控制器 TIC201 投手动，输入 50 开度，继续反应 30min；

○60 釜温明显降低时反应结束，检测氯乙酸含量≥92%。

（4）氯乙酸进料

① 打开放空阀 VD212；

② 打开主反应釜 A 底阀 MV202；

③ 打开转料泵 P201A 前阀 VDIP201A；

④ 启动转料泵 P201A；

⑤ 打开转料泵 P201A 后阀 VDOP201A；

⑥ 氯化釜 A 料液全部转至结晶釜后，关闭转料泵 P201A 出口阀 VDOP201A；

⑦ 停止转料泵 P201A；

⑧ 关闭转料泵 P201A 入口阀 VDIP201A；

⑨ 关闭氯化釜 A 底阀 MV202。

七、操作方法

1. 移动方式

（1）按住 W 键、S 键、A 键、D 键可控制当前角色向前后左右移动。

（2）点击 C 键可控制当前角色下蹲或站立。

2. 操作方式

（1）通过物体闪烁高亮，通过目标引领方式来指引学员操作。

（2）单击鼠标左键可选择物体。

（3）按住鼠标右键可旋转视角。

3. 阀门操作

鼠标左键单击阀门，选择打开或者关闭功能。

4. 菜单功能

（1）任务：根据任务提示和箭头方向进行操作并查看得分情况。

（2）帮助：点击帮助图标查看操作说明。

（3）知识点：点击知识点图标查看知识点清单，单击学习。

（4）快捷跳转功能：点击文字（液氯储罐、一楼、二楼、乙酸储罐）快速跳转到相应区域。

八、实验结果

针对不同阶段实验要求，分别绘制氯乙酸工艺总图、液氯汽化及氯乙酸合成工段 DCS 图。

九、思考题

1. 合成氯乙酸的其他方法还有哪些？

2. 接触、吸入液氯如何急救？

3. 接触、吸入氯乙酸后如何急救？

4. 通过完成本实验，感受"互联网＋"的魅力，并谈谈你对化工仿真实验的认识。

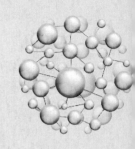

实验 16

典型化工厂 3D 虚拟现实认识实习

一、实验目的

　　苯胺是最重要的胺类物质之一，主要用于制造染料、药物、树脂，还可用作橡胶硫化促进剂，其本身也可作为黑色染料使用。苯胺列于世界卫生组织国际癌症研究机构公布的 3 类致癌物清单中。苯胺蒸气与空气混合，能形成爆炸性混合物。硝基苯、氢气均具有易燃易爆特性。因而，认识以硝基苯和氢气为原料合成苯胺的工艺适宜以仿真实验形式开展。通过该仿真实验学习，要求：

　　(1) 了解以硝基苯和氢气为原料合成苯胺的反应原理、特点，熟悉原料及产品的物化特性；

　　(2) 掌握苯胺合成工艺流程基本组成；

　　(3) 了解生产中典型设备结构及运行原理；

　　(4) 了解工厂厂区布局特点，培养安全生产意识；

　　(5) 掌握仿真软件的操作要领，熟练完成操作任务。

二、反应原理

　　以硝基苯和氢气为原料，在硅胶负载的 Cu 催化剂催化加氢制备苯胺的化学反应如下：

$$C_6H_5NO_2 + 3H_2 \xrightarrow{Cu} C_6H_7N + 2H_2O$$

　　反应实施中，根据固体催化剂的状态分类，反应器的形式有固定床反应器与流化床反应器两种。

　　固定床反应器：反应温度 200～300℃，床层温度不易控制，会出现局部过热，催化剂失活。优点：催化剂用量少。

　　流化床反应器：反应温度 260～280℃。床层内温度均匀，易于控制，不会过热。缺点：反应速率低，需要催化剂量大，需要反应器体积增大。同时，催化剂有磨损，需要增加旋风分离器回收催化剂粉尘。

　　反应特点：该反应为放热反应。降温方法：①用反应体系预热原料氢气；②反应体系与水换热降温，副产饱和水蒸气。硝基苯如果被彻底还原，所得产品为无色透明液体。如果还原不彻底，由于硝基还原需经历很多中间态，如亚硝基苯、芳香羟胺、偶氮化合物等，导致产品不纯。中间体需要继续还原全部转化为苯胺。

三、原料及产品物理特性

本实验中所用原料及产品物理特性详见表 16-1。

表 16-1　原料及产品理化性质一览表

苯胺	分子式	C_6H_7N	分子量	193.27
	危险性类别	6.1	CAS 编号	62-53-3
	UN 编号	1547 6.1/PG 2	稳定性	稳定
	外观与性状	无色或微黄色油状液体，有强烈气味	相对密度(空气=1)	3.22（185℃）
	溶解性	稍溶于水，与乙醇、乙醚、氯仿和其他大多数有机溶剂混溶	相对密度（水=1）	1.02
	熔点	−6.2℃	闪点	70℃
	沸点	184.4℃	蒸气压	(0.7 ± 0.3)mmHg(25℃)
	毒性	能因口服、吸入蒸气、皮肤吸收而中毒 急性毒性：大鼠经口 LD_{50}：442mg/kg； 兔经皮 820mg/kg；小鼠吸入 LC_{50}：175mg/m³,7h； 亚急性和慢性毒性：大鼠吸入 LC_{50}：19mg/m³		
硝基苯	分子式	$C_6H_5NO_2$	分子量	123.109
	危险性类别	6.1	CAS 编号	98-95-3
	UN 编号	1662 6.1/PG 2	稳定性	稳定
	外观与性状	黄色液体	相对密度(空气=1)	4.2
	溶解性	不溶于水，溶于乙醇、乙醚、苯、丙酮等多数有机溶剂	相对密度（水=1）	1.205
	熔点	5~6℃	闪点	88℃
	沸点	210~211℃	蒸气压	0.15 mmHg(20℃)
	爆炸上限（体积分数）	40	爆炸下限(体积分数)	1.8(93℃)
	毒性	急性毒性：大鼠经口 LD_{50}：489mg/kg 大鼠经皮 LD_{50}：2100mg/kg		
氢气	沸点	20.38K	熔点	−259.2℃
	密度	0.089g/L	分子量	2.0157
	临界温度	−234.8℃	临界压力	1664.8 kPa
	三相点	−254.4℃	空气中的燃烧界限	5%~75%(体积分数)
	熔化热	48.84kJ/kg(−254.5℃,平衡态)	表面张力	3.72 mN/m(平衡态,−252.8℃)
	热值	1.4×10^8 J/kg	比热比	$C_p/C_v=1.40$(101.325kPa,25℃,气体)
	易燃性级别	4	易爆性级别	1

续表

亚硝基苯	分子式	C$_6$H$_5$NO	分子量	107.11
	沸点	59℃	熔点	65~69℃
	性状	黄绿色晶体	溶解性	不溶于水,溶于乙醇

四、工艺流程

硝基苯加氢还原合成苯胺工艺流程总图如图 16-1 所示,主要包括加氢还原工序、分离工序、精馏工序。主要生产设备见表 16-2。

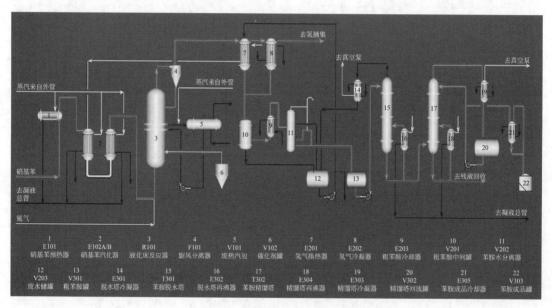

图 16-1　苯胺合成工艺流程总图

表 16-2　主要生产设备

序号	设备名称	设备位号	序号	设备名称	设备位号
1	硝基苯预热器	E101	14	脱水塔进料泵	P301A/B
2	硝基苯汽化器	E102	15	精馏塔回流泵	P302A/B
3	氢气换热器	E201	16	流化床反应器	R101
4	氢气冷却器	E202	17	苯胺脱水塔	T301
5	粗苯胺冷却器	E203	18	苯胺精馏塔	T302
6	脱水塔冷凝器	E301	19	废热汽包	V101
7	脱水塔再沸器	E302	20	催化剂罐	V102
8	精馏塔冷凝器	E303	21	粗苯胺中间罐	V201
9	精馏塔再沸器	E304	22	苯胺、水分离器	V202
10	苯胺成品冷却器	E305	23	废水储罐	V203
11	旋风分离器	F101	24	粗苯胺罐	V301
12	热水循环泵	P101A/B	25	精馏塔回流罐	V302
13	废水泵	P201A/B	26	苯胺成品罐	V303

1. 加氢还原

硝基苯加氢还原工序流程如图 16-2 所示。原料 H_2 与系统中的循环 H_2 混合后经 H_2 压缩机增压，与来自流化床反应器（R101）顶的高温混合气体在 H_2 换热器（E201）中进行热交换，H_2 被预热到约 170℃进入硝基苯汽化器（E102A/B）。硝基苯经预热器（E101）预热后在汽化器（E102A/B）中汽化，并与过量的 H_2 合并预热至 185～195℃，进入流化床反应器（R101）。在流化床反应器（R101）中，在催化剂的作用下硝基苯被还原生成苯胺和水蒸气，并放出大量热量。加氢反应所放出的热量被废热汽包（V101）送入流化床内换热管的软水带出。水受热汽化为 1.0MPa 的蒸汽，该蒸汽量除满足装置需用量外，剩余部分送入装置外的蒸汽管网。

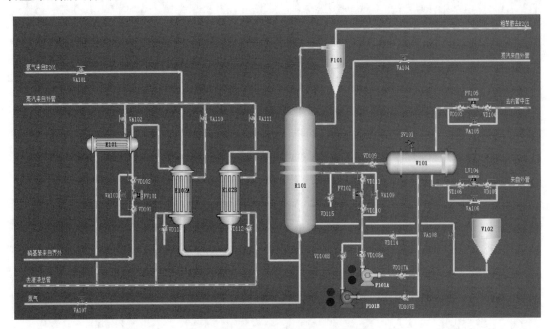

图 16-2 硝基苯加氢还原工序流程图

2. 反应产物预分离

反应后的混合气体进 H_2 换热器（E201）与原料 H_2 进行热交换降温，再经循环水冷却。过量 H_2 循环使用。粗苯胺、饱和苯胺水溶液（乳浊液）进入苯胺水分离器（V202），苯胺废水罐内下层的物料去加氢还原单元继续还原。从分层器上部流出来的水（含苯胺 3.6%）进入废水储罐（V203），从分层器下部流出的粗苯胺（含水 5%）储存于粗苯胺罐（V301）内，去苯胺单元精馏工序。反应产物预分离工艺流程如图 16-3 所示。

3. 苯胺精馏工序

原理：苯胺微溶于水。同时，苯胺与水能形成共沸物，苯胺/水之比约为 1∶8，共沸点低于水的沸点，低温下将苯胺与水蒸气按照 1∶8 比例从精馏塔顶部蒸出。

粗苯胺罐（V301）内的粗苯胺用脱水塔进料泵（P301）以一定流量输送到脱水塔（T301，常压精馏）内进行精馏，塔顶蒸出物经共沸物冷凝器（E301）冷凝后流入苯胺水分层器内进行分层，塔釜高沸物进入精馏塔（T302，减压精馏）内，在真空下进行精馏，塔顶蒸出物（苯胺）经精馏塔冷凝器（E304）冷凝后，一部分以一定的回流比从塔顶送入精馏塔内作为回流，其余再经冷凝器进一步冷凝后进入苯胺成品罐（V303）。苯胺精馏工艺流程如图 16-4 所示。

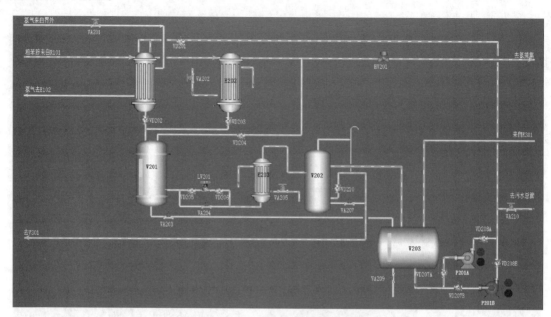

图 16-3　反应产物预分离工艺流程

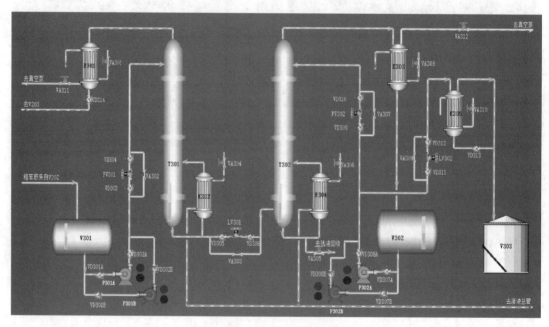

图 16-4　苯胺精馏工艺流程

五、 厂区布置

厂区内主要设备、生产车间、厂房的平面布置如图 16-5 和图 16-6 所示，主要包括办公楼、安全教育厅、现场工具间、中控室、装置区、原料罐区、产品灌区、空分机房、压缩机房、凉水塔、废气处理装置。

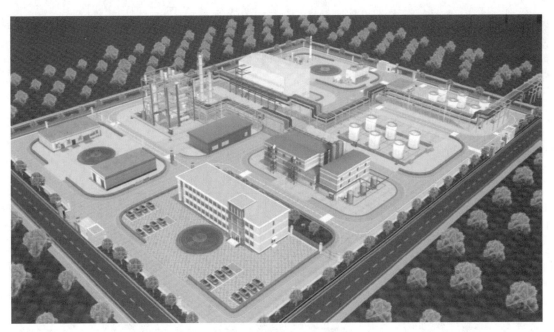

图 16-5　苯胺生产布局图

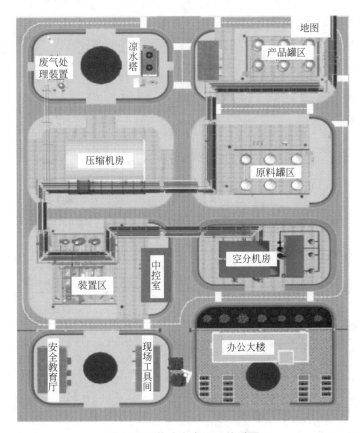

图 16-6　苯胺生产厂区俯瞰图

六、 实验任务与实验材料

1. 实验任务

以学员身份，在张师傅的带领下，从厂区南门开始，完成苯胺合成工艺认识实习。

2. 实验材料

实验材料为苯胺工艺 3D 虚拟现实仿真软件以及内嵌选择题，其中所涉及的安全、工艺与设备知识点见表 16-3。

表 16-3　苯胺合成工艺相关知识点

安全与自控	1	常用防护用品
	2	现场急救
	3	安全标志与工艺工程
	4	常见的塔的控制方案
	5	联锁
	6	温度检测及仪表
	7	物位检测及仪表
	8	压力检测及仪表
设备类	9	填料塔
	10	换热器
	11	汽包
	12	泵
	13	流量计
	14	自动阀
	15	手操阀
	16	罐类
	17	流化床与旋风分离器
工艺类	18	原料产品简介
	19	苯胺合成背景简介
	20	苯胺合成精制工艺

七、 操作方法

以学员身份，在张师傅的带领下，从厂区南门开始，完成整个参观学习过程。场景的右上角有任务栏，在任务指引下进行操作。学员走近，可见其头顶出现"!"，张师傅与之对话，提示学习知识点。所有题目的答案都可以在知识点里找到（小星星中内容）。每答对一道题，任务进度涨一格。

1. 菜单栏功能按钮介绍

如图 16-7 所示，菜单栏中有视角、巡演、地图、查找、对讲机功能按钮。

图 16-7　菜单栏功能按钮

（1）视角功能（一、三视角切换）　点击"一"切换到第一人称视角，点击"三"切换到第三人称视角。

（2）巡演功能　左键点击"巡演"功能钮，可自动演示播放视频。

（3）地图功能　左键点击"地图"功能钮，弹出地图，实时显示各人物的位置及当前操作人物的朝向，点击地图上各地点的名字可传送到该地点。

（4）查找功能　左键点击"查找"功能钮，弹出"查找窗口"，再次点击按钮，"查找窗口"关闭。在弹出界面中输入要查找的目标后，点击"开始查找"，会在操作人物的上方出现一个红色箭头和文字说明，可以引导查找目标。在到达查找的目标所在的区域后，箭头和文字提示会自动消失。查找功能演示分别如图 16-8 和图 16-9 所示。

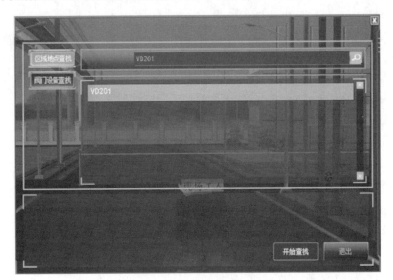

图 16-8　查找界面演示 1

图 16-9　查找界面演示 2

（5）对讲机功能　左键点击"对讲"功能钮，在左侧选择要进行对讲的人物，右侧选择对讲内容，可实现当前人物与其他角色进行对话。

2. 鼠标及键盘功能

（1）W 键、A 键、S 键、D 键分别代表向前、左、后、右移动。

（2）按住 Q 键、E 键可进行左转弯与右转弯。

（3）点击 R 键或功能钮中"走跑切换"按钮可控制角色进行走、跑切换。

（4）单击键盘空格键显示全场，再单击空格键回到现场。

（5）在全场图中，单击鼠标右键，可瞬移到点击位置（仅限于外操员）。

（6）按住鼠标左键，左、右或者前、后拖动，可改变视角。

（7）向前或者向后滑动鼠标滚轮可将视野拉近或者推远。

3. 操作阀门

控制角色移动到目标阀门附近，将鼠标悬停在阀门上，阀门闪烁，表明可以操作阀门；若距离较远，即使将鼠标悬停在阀门位置，阀门也不闪烁，不能操作。阀门操作信息在小地图上方区域即时显示，同时显示在消息框中。具体操作方法：

（1）左键双击闪烁阀门，进入操作界面，切换到阀门近景；

（2）点击操作界面上方操作框进行开、关操作，阀门手轮或手柄将有相应转动；

（3）按住上、下或者左、右方向键，以当前阀门为中心进行上、下或者左、右旋转操作；

（4）单击右键，退出阀门操作界面。

4. 查看仪表

控制角色移动到目标仪表附近，将鼠标悬停在仪表上，仪表闪烁，表明可以查看仪表；如果距离较远，即使将鼠标悬停在仪表位置，仪表也不闪烁，不能查看。具体操作方法：

（1）左键双击闪烁仪表，进入查看界面，并切换到仪表近景；

（2）在查看界面上方有提示框，提示当前仪表数值，与仪表面板数值对应；

（3）按住上、下或左右方向键，以当前仪表为中心进行上、下或左、右旋转；

（4）单击右键，退出仪表操作界面。

5. 拾取、装配物品

用鼠标双击要拾取或者装配的物品，则该物品装备到装备栏，或者直接装备到角色身上。

6. 拨打电话

双击场景内任意一台电话，即可调出电话拨号盘，电话号码显示在中控室墙上，正确拨号后即可接通，选择需要交谈的内容。若拨号错误，按"♯"可清空并重新拨号。

7. 人物栏及装备

生产中涉及人员头像如图 16-10 所示，分别有警戒队员 A、救援队员 B、救援队员 C、救援队员 D、值班长、内操员、现场工人。人物栏中高亮头像为当前控制的角色头像，可以通过鼠标左键点击角色名称切换当前角色。

点击图 16-11 头像中的装备，可以调出装备界面（图 16-12）。右键点击已装备的物品可将其卸下放回背包里；左键点击背包里的物品可将其装备上；右键点击背包里的物品可将其丢弃。

图 16-10 人物栏

图 16-11 人物/装备

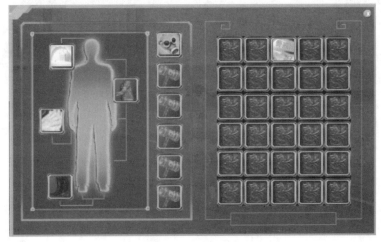

图 16-12 装备栏

8. 存读档

在 DCS 界面中，点击"工艺"→"进度存盘"即可存档；读档为"进度重演"。

9. 暂停

在 DCS 界面中，点击"工艺"→"系统冻结"即可暂停；恢复为"系统解冻"。

八、 实验结果

1. 说明苯胺合成反应原理及特点。
2. 绘制苯胺合成简易工艺流程图。

九、 思考题

1. 苯胺主要有哪些用途？

2.苯胺有哪些制备方法？

3.硝基苯、氢气、苯胺有哪些物化特性？生产中如何进行安全防护？

4.固定床、流化床反应器各有哪些优、缺点？

5.在这些繁琐而有序的操作中，你是否体会到了化工生产流程、操作的科学性、严谨性，以及化工生产安全的重要性？请谈谈你的感想。

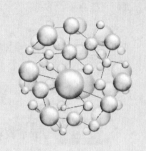

实验 17

鲁奇甲醇合成 3D 虚拟仿真实验——生产实习

一、实验目的

　　甲醇是一种重要有机化工原料和优质燃料。主要用于制造二甲醛、乙酸、氯甲烷、甲氨、硫酸二甲酯等多种有机产品，也是农药、医药的重要原料之一。

　　甲醇定位于未来清洁能源之一，可代替汽油作燃料使用。可以以天然气、石油和煤作为主要原料生产甲醇。煤制甲醇主要由煤炭气化、原料气净化、甲醇合成、产品精制等部分组成。

　　煤炭气化是甲醇生产的首要环节。气化工艺及气化炉设备可按压力、气化剂、供热方式等分类。按照炉内煤炭与气化剂接触方式来分类，可以分为固定床、流化床与移动床三种主要形式。德国鲁奇、美国德士古、荷兰壳牌技术、德国 GSP 技术等煤气化技术已先后进入中国市场并有较好业绩。按照操作压力，甲醇合成工段可以分为高压工艺（30MPa，300～400℃）、中压工艺（10MPa，230～290℃）和低压工艺（5MPa，210～280℃）三种。目前，呈现由高压向中压、低压发展趋势。本实验利用仿真技术模拟了低压、铜基催化甲醇合成工艺。通过该仿真实验学习，要求：

　　（1）了解 CO、CO_2 催化氢化合成甲醇反应的基本原理，熟悉原料及产品的物化特性；

　　（2）掌握低压下甲醇合成工艺流程基本组成；

　　（3）掌握生产中典型设备的结构及运行原理；

　　（4）了解厂区的车间分布和工艺流程；

　　（5）掌握仿真软件的操作要领，熟练完成甲醇合成工段操作任务。

二、反应原理

　　采用 CO、CO_2 加压催化氢化法合成甲醇，合成塔内主要化学反应为：

$$CO_2 + 3H_2 \rightleftharpoons CH_3OH + H_2O + 49kJ/mol$$

$$CO + H_2O \rightleftharpoons CO_2 + H_2 + 41kJ/mol$$

总反应式　　　　$$CO + 2H_2 \rightleftharpoons CH_3OH + 90kJ/mol$$

催化剂：铜基催化剂。

合成塔内压力：4.8～5.5MPa。

合成塔内温度：210～280℃。

三、 原料及产品物理特性

甲醇生产过程中所用的原料及产品物理特性详见表 17-1。

表 17-1 原料及产品理化性质一览表

H₂	沸点	−252.6℃	熔点	−259.2℃
	密度	0.089g/L	气液容积比	974 L/L(15℃,100kPa)
	分子量	2.0157	临界温度	−234.8℃
	生产方法	电解水、裂解、煤制气等	临界压力	1664.8 kPa
	三相点	−254.4℃	空气中的燃烧界限	5%～75%(体积分数)
	熔化热	48.84kJ/kg(−254.5℃,平衡态)	表面张力	3.72 mN/m(平衡态,−252.8℃)
	热值	$1.4×10^8$ J/kg	比热比	C_p/C_v=1.40(101.325kPa,25℃,气体)
	爆炸级别	1	易燃级别	4
CO	中文名称	一氧化碳	分子量	28.01
	英文名称	Carbon monoxide	CAS 编号	630-08-0
	熔点	−119.1℃	沸点	−191.4℃
	临界温度	−140.2℃	临界压力	3.5MPa
	引燃温度	610℃	闪点	<−50℃
	爆炸上限	74.2%(体积分数)	爆炸下限	12.5%(体积分数)
	健康危害	与 O₂ 相比,CO 与血红蛋白结合能力强,且结合后不易分离,使血红蛋白失去输送 O₂ 的能力,引起人缺氧,严重时窒息死亡		
	环境危害	对水体、土壤、大气造成污染		
	防护措施	佩戴防毒面具		
	急救措施	(1)将病人转移到空气清新处,并开窗通风。松开病人的衣裤,保持呼吸道通畅。呼吸、心跳停止的应立即进行心肺复苏 (2)立即吸氧,加速碳氧血红蛋白的解离,促进一氧化碳的排出 (3)若病人昏迷时间较长,高热或频繁抽搐,可头部降温 (4)立即送医治疗		
CO₂	中文名称	二氧化碳	分子量	44.01
	英文名称	Carbon dioxide	CAS 编号	124-38-9
	熔点	−56.6℃	沸点	−78.5℃(升华)
	临界温度	31℃	临界压力	7.39MPa
	毒性	无数据		
	防护	高浓度接触时佩戴空气呼吸器		

续表

CH_3OH	中文名称	甲醇	分子量	34.01
	英文名称	Methyl alcohol	CAS 编号	67-56-1
	熔点	−97.8℃	沸点	−64.8℃
	相对密度(水=1)	0.79	饱和蒸气压	13.33kPa(21.2℃)
	临界温度	240℃	临界压力	7.95MPa
	引燃温度	385℃	闪点	11℃
	爆炸上限	44.0%(体积分数)	爆炸下限	5.5%(体积分数)
	溶解性	溶于水，醇、醚	燃烧热	727.0kJ/mol
	急性毒性	大鼠经口 LD_{50}:5628mg/kg;大鼠吸入 LC_{50}:83776mg/m^3,4h		
	防护	佩戴防毒面具;穿防静电工作服;戴橡胶手套		

四、工艺流程

1. 合成工段

低压下合成甲醇合成工段总图如图 17-1 所示。主要设备及其性能见表 17-2。

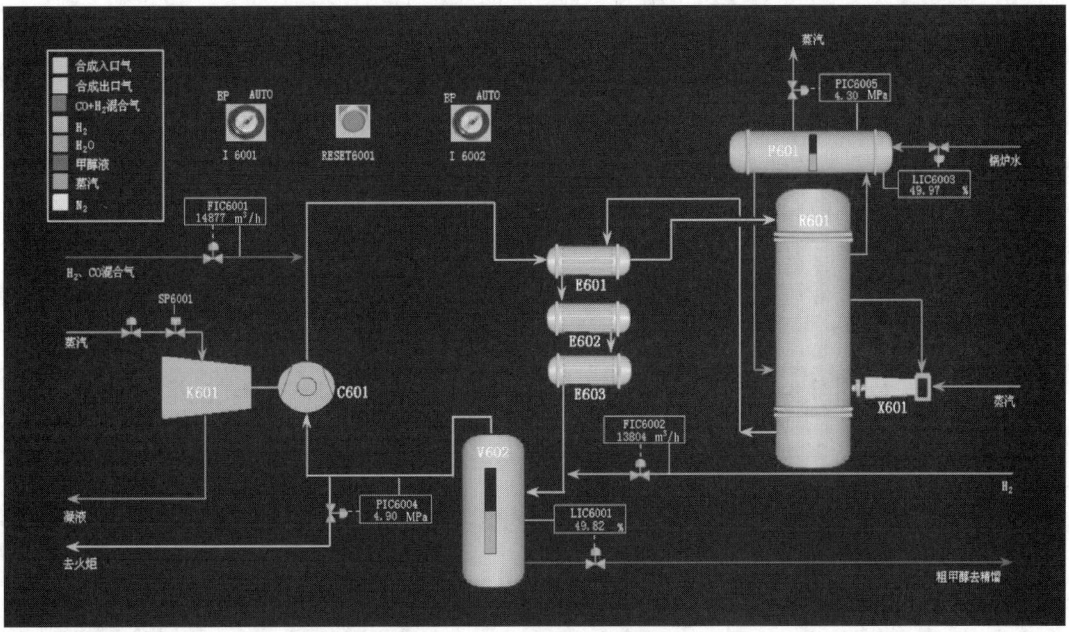

图 17-1 甲醇合成工段总图

表 17-2 主要生产设备及其性能

设备名称	设备位号	性能
蒸汽透平	K601	功率 655kW，最大蒸汽量 10.8t/h，最大压力 3.9MPa，正常工作转速 13700r/min，最大转速 14385r/min
循环气压缩机	C601	压差约 0.5MPa，最大压力 5.8MPa

化工基础实验

续表

设备名称	设备位号	性能
甲醇分离器	V602	直径 1.5m，高 5m，最大允许压力 5.8MPa，正常温度 40℃，最高温度 100℃
精制水预热器	E602	对出 E601 的合成塔出口气体进一步冷却，同时产生高温精制水
中间换热器	E601	利用合成塔出口气体(250℃)的热量，将合成塔的入口气体预热至 225℃
最终冷却器	E603	合成塔出口气体被最终冷却至 40℃
甲醇合成塔	R601	列管式冷激塔，直径 2m，高 10m，最大允许压力 5.8MPa，正常工作压力 5.2MPa，正常温度 255℃，最高温度 280℃
蒸汽包	F601	直径 1.4m，长度 5m，最大允许压力 5.0MPa，正常工作压力 4.3MPa，正常温度 250℃，最高温度 270℃
开工喷射器	X601	给合成塔提供热量，使催化剂达到活性温度以上

蒸汽驱动透平（K601）带动压缩机（C601）运转，提供循环气连续运转的动力，并同时向循环系统中补充 H_2 和混合气（CO 与 H_2），使合成反应可连续进行。反应放出的大量热通过蒸汽包（V601）移走，合成塔入口气在中间换热器（E601）中被合成塔出口气预热至 225℃后进入合成塔（R601），合成塔出口气由 255℃依次经中间换热器（E601）、精制水预热器（E602）、最终冷却器（E603）换热降温至 40℃，再与补加的 H_2 混合后进入甲醇分离器（V602），分离出的粗甲醇送往精馏系统进行精制，气相的一小部分送往火炬，气相的大部分作为循环气被送 C601，被压缩的循环气与补加的混合气混合后经 E601 进入反应器 R601。

2. 合成系统

甲醇合成系统现场图及 DCS 图分别如图 17-2 和图 17-3 所示。反应器 R601 为系统核心。为维持反应温度，还需 E601、E602、E603、汽包 F601 与开工喷射器 X601。反应器温度主要通过 F601 调节。如果反应器温度较高并且升温速度较快，应将汽包蒸汽出口开大，增加蒸汽采出量，同时降低汽包压力，使反应器温度降低或温升速度变小；如果反应器的温度较低并且升温速度较慢，应将汽包蒸汽出口关小，减少蒸汽采出量，慢慢升高汽包压力，使反应器温度升高或温降速度变小；如果反应器温度仍然偏低或温降速度较大，可通过开启 X601 来调节。

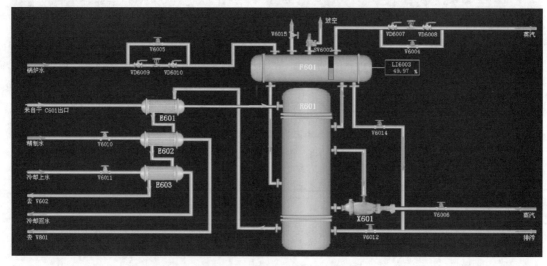

图 17-2　甲醇合成系统现场图

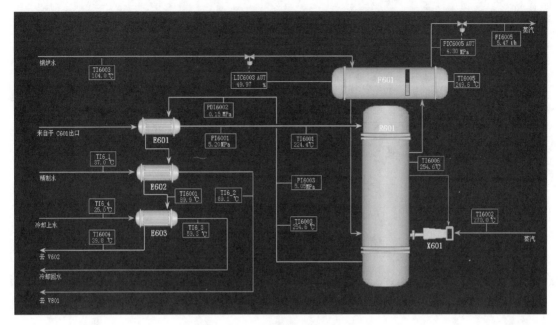

图 17-3 甲醇合成系统 DCS 图

3. 压缩系统

压缩系统现场图及 DCS 图分别如图 17-4 和图 17-5 所示。系统压力主要靠混合气入口量 FIC6001、H_2 入口量 FIC6002、放空量 PIC6004 以及甲醇在分离罐中的冷凝量来控制；在原料气进入反应塔前有一安全阀，当系统压力高于 5.7MPa 时，安全阀会自动打开，当系统压力降回 5.7MPa 以下时，安全阀自动关闭，从而保证系统压力不至过高。通过调节循环气量和混合气入口量使反应入口气中 H_2/CO（体积比）在 7～8 之间，同时通过调节 FIC6002，使循环气中 H_2 的含量尽量保持在 79% 左右，同时逐渐增加入口气的量直至正常（FIC6001 的正常量为标况下 14877m^3/h，FIC6002 的正常量为标况下 13804m^3/h），达到正常后，新鲜气中 H_2 与 CO 之比（FFI6002）在 2.05～2.15 之间。

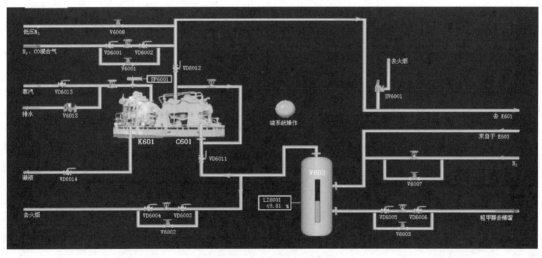

图 17-4 压缩系统现场图

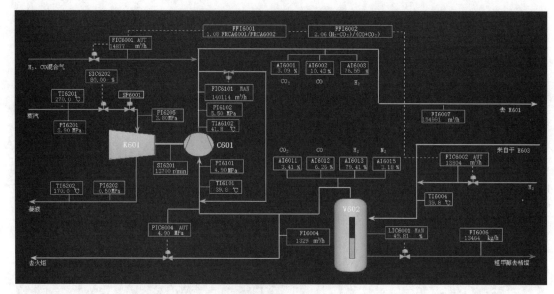

图 17-5 压缩系统 DCS 图

五、主要工艺控制指标

1.控制指标

甲醇合成工段主要控制指标见表 17-3。

表 17-3 主要控制指标

序号	位号	正常值	单位	说明
1	FIC6101		m³/h	压缩机 C601 防喘振流量控制
2	FIC6001	14877(标况)	m³/h	H₂、CO 混合气进料控制
3	FIC6002	13804(标况)	m³/h	H₂ 进料控制
4	PIC6004	4.9	MPa	循环气压力控制
5	PIC6005	4.3	MPa	汽包 F601 压力控制
6	LIC6001	50	%	分离罐 V602 液位控制
7	LIC6003	50	%	汽包 F601 液位控制
8	SIC6202	50	%	透平 K601 蒸汽进量控制

2.主要仪表

主要仪表见表 17-4。

表 17-4 主要仪表

序号	位号	正常值	单位	说明
1	PI6201	3.9	MPa	蒸汽透平 K601 蒸汽压力
2	PI6202	0.5	MPa	蒸汽透平 K601 进口压力
3	PI6205	3.8	MPa	蒸汽透平 K601 出口压力

续表

序号	位号	正常值	单位	说明
4	TI6201	270	℃	蒸汽透平 K601 进口温度
5	TI6202	170	℃	蒸汽透平 K601 出口温度
6	SI6201	13700	r/min	蒸汽透平转速
7	PI6101	4.9	MPa	循环压缩机 C601 入口压力
8	PI6102	5.5	MPa	循环压缩机 C601 出口压力
9	TI6101	40	℃	循环压缩机 C601 进口温度
10	TI6102	42	℃	循环压缩机 C601 出口温度
11	PI6001	5.2	MPa	合成塔 R601 入口压力
12	PI6003	5.05	MPa	合成塔 R601 出口压力
13	TI6011	225	℃	合成塔 R601 进口温度
14	TI6003	255	℃	合成塔 R601 出口温度
15	TI6006	255	℃	合成塔 R601 温度
16	TI6001	90	℃	中间换热器 E601 热物流出口温度
17	TI6004	40	℃	分离罐 V602 进口温度
18	FI6006	13904	kg/h	粗甲醇采出量
19	FI6005	5.5	t/h	汽包 F601 蒸汽采出量
20	TI6005	250	℃	汽包 F601 温度
21	PDI6002	0.15	MPa	合成塔 R601 进出口压差
22	AI6011	3.5	%	循环气中 CO_2 的含量
23	AI6012	6.29	%	循环气中 CO 的含量
24	AI6013	79.31	%	循环气中 H_2 的含量
25	FFI6001	1.07		混合气与 H_2 体积流量之比
26	TI6002	270	℃	喷射器 X601 入口温度
27	TI6012	104	℃	汽包 F601 入口锅炉水温度
28	LI6001	50	%	分离罐 V602 现场液位显示
29	LI6003	50	%	分离罐 V602 现场液位显示
30	FFI6001	1.07		H_2 与混合气流量比
31	FFI6002	2.05～2.15		新鲜气中 H_2 与 CO 比

3. 主要阀门

主要阀门见表 17-5。

表 17-5　主要阀门

序号	位号	说明	序号	位号	说明
1	VD6001	FIC6001 前阀	5	VD6005	LIC6001 前阀
2	VD6002	FIC 6001 后阀	6	VD6006	LIC6001 后阀
3	VD6003	PIC 6004 前阀	7	VD6007	PIC6005 前阀
4	VD6004	PIC 6004 后阀	8	VD6008	PIC6005 后阀

续表

序号	位号	说明	序号	位号	说明
9	VD6009	LIC6003 前阀	20	V6006	开工喷射器蒸汽入口阀
10	VD6010	LIC6003 后阀	21	V6007	FIC6002 副线阀
11	VD6011	压缩机前阀	22	V6008	低压 N_2 入口阀
12	VD6012	压缩机后阀	23	V6010	E602 冷物流入口阀
13	VD6013	透平蒸汽入口前阀	24	V6011	E603 冷物流入口阀
14	VD6014	透平蒸汽入口后阀	25	V6012	R601 排污阀
15	V6001	FIC6001 副线阀	26	V6014	F601 排污阀
16	V6002	PIC6004 副线阀	27	V6015	C601 开关阀
17	V6003	LIC6001 副线阀	28	SP6001	K601 入口蒸汽电磁阀
18	V6004	PIC6005 副线阀	29	SV6001	R601 入口气安全阀
19	V6005	LIC6003 副线阀	30	SV6002	F601 安全阀

六、厂区布置

厂区内主要设备、生产车间、厂房的平面布置如图 17-6 所示，主要包括办公楼、安全教育厅、现场工具间、中控室、装置区、原料罐区、产品灌区、压缩机房、废气处理装置等。

图 17-6　甲醇合成工厂布局总貌图

七、实验任务

实验任务包括开车准备、冷态开车、正常停车、紧急停车，可根据教学内容从中选择一定岗位进行训练。

1. 开车准备

（1）开工具备的条件

① 与开工有关的修建项目全部完成并验收合格。

② 设备、仪表及流程符合要求。

③ 水、电、汽、风及化验能满足装置要求。

④ 安全设施完善，排污管道具备投用条件，操作环境及设备要清洁整齐卫生。

（2）开工前的准备

① 仪表空气、中压蒸汽、锅炉给水、冷却水及脱盐水均已引入界区内备用。

② 盛装开工废甲醇的废油桶已准备好。

③ 仪表校正完毕。

④ 催化剂还原彻底。

⑤ 粗甲醇储槽皆处于备用状态，全系统在催化剂升温还原过程中出现的问题都已解决。

⑥ 净化运行正常，新鲜气质量符合要求，总负荷≥30%。

⑦ 压缩机运行正常，新鲜气随时可导入系统。

⑧ 本系统所有仪表再次校验，调试运行正常。

⑨ 精馏工段已具备接收粗甲醇的条件。

⑩ 总控现场照明良好，操作工具、安全工具、交接班记录、生产报表、操作规程、工艺指标齐备，防毒面具、消防器材按规定配好。

⑪ 微机运行良好，各参数已调试完毕。

2. 冷态开车

冷态开车由引锅炉水、N_2 置换、建立循环、H_2 置换充压、投原料气、反应器升温、调至正常等部分组成。

（1）引锅炉水

① 依次开启汽包 F601 锅炉水、控制阀 LIC6003、入口前阀 VD6009，将锅炉水引进汽包；

② 当汽包液位 LIC6003 接近 50% 时，投自动，如果液位难以控制，可手动调节；

③ 汽包设有安全阀 SV6002（当汽包压力 PIC6005 超过 5.0MPa 时，安全阀自动打开），可保证汽包的压力不会过高，进而保证反应器的温度不会过高。

（2）N_2 置换

① 现场开启低压 N_2 入口阀 V6008（微开），向系统充 N_2；

② 依次开启 PIC6004 前阀 VD6003、控制阀 PIC6004、后阀 VD6004，如果压力升高过快或降压过程降压速度过慢，可开副线阀 V6002；

③ 将系统中含氧量稀释至 0.25% 以下，在吹扫时，系统压力 PI6001 维持在 0.5MPa 附近，不能高于 1MPa；

④ 当系统压力 PI6001 接近 0.5MPa 时，关闭 V6008 和 PIC6004，进行保压；

⑤ 保压一段时间，如果系统压力 PI6001 不降低，说明系统气密性较好，可以继续进行生产操作；如果系统压力 PI6001 明显下降，则要检查各设备及其管道，确保无问题后再进行生产操作（仿真中为了节省操作时间，保压 30s 以上即可）。

（3）建立循环

① 手动开启 FIC6101，防止压缩机喘振，在压缩机出口压力 PI6101 示数大于系统压力，且压缩机运转正常后关闭；

② 开启压缩机 C601 入口前阀 VD6011；

③ 开透平 K601 前阀 VD6013、控制阀 SIS6202、后阀 VD6014，为循环压缩机 C601 提供运转动力，调节控制阀 SIS6202 使转速不致过大；

④ 开启 VD6015，投用压缩机；

⑤ 待压缩机出口压力 PI6102 大于系统压力 PI6001 后，开启压缩机 C601 后阀 VD6012，打通循环回路。

（4）H_2 置换充压　通 H_2 前，先检查含 O_2 量，若高于 0.25%（体积分数），应先用 N_2 稀释至 0.25% 以下再通 H_2。方法为：

① 现场开启 H_2 副线阀 V6007，进行 H_2 置换，使 N_2 的体积含量在 1% 左右；

② 开启控制阀 PIC6004，充压至 PI6001 为 2.0MPa，但不要高于 3.5MPa；

③ 关闭 H_2 副线阀 V6007 和压力控制阀 PIC6004。

（5）投原料气

① 依次开启混合气入口前阀 VD6001、控制阀 FIC6001、后阀 VD6002；

② 开启 H_2 入口阀 FIC6002；

③ 按照体积比约为 1:1 的比例，将系统压力缓慢升至 5.0MPa 左右（但不要高于 5.5MPa），将 PIC6004 投自动，设定压力值为 4.90MPa。关闭 H_2 入口阀 FIC6002 和混合气控制阀 FIC6001，进行反应器升温。

（6）反应器升温

① 开启开工喷射器 X601 的蒸汽入口阀 V6006，注意调节 V6006 的开度，使反应器温度 TI6006 缓慢升至 210℃；

② 开 V6010，投用换热器 E602；

③ 开 V6011，投用换热器 E603，使 TI6004 不超过 100℃；

④ 当 TI6004 接近 200℃，依次开启汽包蒸汽出口前阀 VD6007、控制阀 PIC6005、后阀 VD6008，并将 PIC6005 投自动，设为 4.3MPa，如果压力变化较快，可手动调节。

（7）调至正常

① 反应开始后，关闭开工喷射器 X601 的蒸汽入口阀 V6006；

② 缓慢开启 FIC6001 和 FIC6002，向系统补加原料气。调节 SIC6202 和 FIC6001，使入口原料气中 H_2 与 CO 的体积比为（7~8):1，随着反应的进行，逐步投料至正常（FIC001 约为标况下 14877m^3/h），FIC6001 为 FIC6002 的 1~1.1 倍，将 PIC6004 投自动，设为 4.90MPa；

③ 有甲醇产出后，依次开启粗甲醇采出现场前阀 VD6003、控制阀 LIC6001、后阀 VD6004，并将 LIC6001 投自动，设为 40%，若液位变化较快，可手动控制；

④ 如果系统压力 PI6001 超过 5.8MPa，系统安全阀 SV6001 会自动打开，若压力变化较快，可通过减小原料气进气量并开大放空阀 PIC6004 来调节；

⑤ 投料至正常后，循环气中 H_2 的含量能保持在 79.3% 左右，CO 含量达到 6.29% 左右，CO_2 含量达到 3.5% 左右，说明体系已基本达到稳态；

⑥ 体系达到稳态后，投用联锁，在 DCS 图上按"V602 液位联锁"按钮和"F601 液位

低联锁"按钮。

循环气的正常组成见表17-6。

表 17-6　循环气的正常组成

组成	CO_2	CO	H_2	CH_4	N_2	Ar	CH_3OH	H_2O	O_2	高沸点物
体积分数/%	3.5	6.29	79.31	4.79	3.19	2.3	0.61	0.01	0	0

3. 正常停车

正常停车由停原料气、开蒸汽、汽包降压、R601降温、停压缩机C601/K601、停冷却水六部分组成。

（1）停原料气

① 将FIC001改为手动，关闭，现场关闭FIC6001前阀VD6001、后阀VD6002；

② 将FIC6002改为手动，关闭；

③ 将PIC6004改为手动，关闭。

（2）开蒸汽　开蒸汽阀V6006，投用X601，使TI6006维持在210℃以上，使残余气体继续反应。

（3）汽包降压

① 残余气体反应一段时间后，关蒸汽阀V6006；

② 将PIC6005改为手动调节，逐渐降压；

③ 关闭LIC6003及其前后阀VD6010、VD6009，停锅炉水。

（4）R601降温

① 手动调节PIC6004，使系统泄压；

② 开启现场阀V6008，进行N_2置换，使$H_2+CO_2+CO<1\%$（体积分数）；

③ 保持PI6001在0.5MPa时，关闭V6008；

④ 关闭PIC6004；

⑤ 关闭PIC6004的前阀VD6003、后阀VD6004。

（5）停压缩机C601/K601

① 关VD6015，停用压缩机；

② 逐渐关闭SIC6202；

③ 关闭现场阀VD6013；

④ 关闭现场阀VD6014；

⑤ 关闭现场阀VD6011；

⑥ 关闭现场阀VD6012。

（6）停冷却水

① 关闭现场阀V6010，停冷却水；

② 关闭现场阀V6011，停冷却水。

4. 紧急停车

紧急停车由停原料气、停压缩机C601/K601、泄压、N_2置换四部分组成。

（1）停原料气

① 将FIC6001改为手动，关闭，现场关闭FIC6001前阀VD6001、后阀VD6002；

② 将FIC6002改为手动，关闭；

③ 将 PIC6004 改为手动, 关闭。

（2）停压缩机 C601/K601

① 关 VD6015, 停用压缩机；

② 逐渐关闭 SIC6202；

③ 关闭现场阀 VD6013；

④ 关闭现场阀 VD6014；

⑤ 关闭现场阀 VD6011；

⑥ 关闭现场阀 VD6012。

（3）泄压

① 将 PIC6004 改为手动, 全开；

② 当 PI6001 降至 0.3MPa 以下时, 将 PIC6004 关小。

（4）N_2 置换

① 开 V6008, 进行 N_2 置换；

② 当 $CO+H_2<5\%$ 后, 用 0.5MPa 的 N_2 保压。

5. 生产中常见事故

（1）分离罐液位高或反应器温度高联锁

事故原因：V602 液位高或 R601 温度高联锁。

事故现象：分离罐 V602 的液位 LIC6001 高于 70%, 或反应器 R601 的温度 TI6006 高于 270℃。原料气进气阀 FIC6001 和 FIC6002 关闭, 透平电磁阀 SP6001 关闭。

处理方法：待联锁条件消除后, 按 "SP6001 复位" 按钮, 透平电磁阀 SP6001 复位；手动开启进料控制阀 FIC6001 和 FIC6002。

（2）汽包液位低联锁

事故原因：F601 液位低联锁。

事故现象：汽包 F601 的液位 LIC6003 低于 5%, 温度高于 100℃；锅炉水入口阀 LIC6003 全开。

处理方法：待联锁条件消除后, 手动调节锅炉水入口控制阀 LIC6003 至正常。

（3）混合气入口阀 FIC6001 阀卡

事故原因：控制阀 FIC6001 阀卡。

事故现象：混合气进料量变小, 造成系统不稳定。

处理方法：开启混合气入口副线阀 V6001, 将流量调至正常。

（4）透平坏

事故原因：透平坏。

事故现象：透平运转不正常, 循环压缩机 C601 停。

处理方法：正常停车, 修理透平。

（5）催化剂老化

事故原因：催化剂失效。

事故现象：反应速率降低, 各成分的含量不正常, 反应器温度降低, 系统压力升高。

处理方法：正常停车, 更换催化剂后重新开车。

（6）循环压缩机坏

事故原因：循环压缩机坏。

事故现象：压缩机停止工作，出口压力等于入口，循环不能继续，导致反应不正常。

处理方法：正常停车，修好压缩机后重新开车

（7）反应塔温度高报警

事故原因：反应塔温度高报警。

事故现象：反应塔温度 TI6006 高于 265℃但低于 270℃。

处理方法：

① 全开气包上部 PIC6005 控制阀，释放蒸汽热量；

② 打开现场锅炉水进料旁路阀 V6005，增大气包的冷水进量；

③ 将程控阀门 LIC6003 手动、全开，增大冷水进量；

④ 手动打开现场气包底部排污阀 V6014；

⑤ 手动打开现场反应塔底部排污阀 V6012；

⑥ 待温度稳定下降之后，观察下降趋势，当 TI6006 在 260℃时，关闭排污阀 V6012；

⑦ 将 LIC6003 调至自动，设定液位为 50%；

⑧ 关闭现场锅炉水进料旁路阀门 V6005；

⑨ 关闭现场气包底部排污阀 V6014；

⑩ 将 PIC6005 投自动，设定为 4.3MPa。

（8）反应塔温度低报警

事故原因：反应塔温度低报警。

事故现象：反应塔温度 TI6006 高于 210℃但低于 220℃。

处理方法：

① 将锅炉水调节阀 LIC6003 调为手动，关闭；

② 缓慢打开喷射器入口阀 V6006；

③ 当 TI6006 温度为 255 时，逐渐关闭 V6006。

（9）分离罐液位高报警

事故原因：分离罐液位高报警。

事故现象：分离罐液位 LIC6001 高于 65%，但低于 70%。

处理方法：

① 打开现场旁路阀 V6003；

② 全开 LIC6001；

③ 当液位低于 50%之后，关闭 V6003；

④ 调节 LIC6001，稳定在 40%时投自动。

（10）系统压力 PI6001 高报警

事故原因：系统压力 PI6001 高报警。

事故现象：系统压力 PI6001 高于 5.5MPa，但低于 5.7MPa。

处理方法：

① 关小 FIC6001 的开度至 30%，压力正常后调回；

② 关小 FIC6002 的开度至 30%，压力正常后调回。

（11）汽包液位低报警

事故原因：汽包液位低报警。

事故现象：汽包液位 LIC6003 低于 10%，但高于 5%。

化工基础实验

处理方法：

① 开现场旁路阀 V6005；

② 全开 LIC6003，增大入水量；

③ 当汽包液位上升至 50%，关现场 V6005；

④ LIC6003 稳定在 50% 时，投自动。

八、操作方法

1. 菜单栏功能按钮介绍

如图 17-7 所示，菜单栏中有消息、设置、视角、演示、查找、对讲机功能按钮。

| 消息 | 设置 | 视角 | 演示 | 查找 | 对讲机 |

图 17-7　菜单栏功能按钮

（1）消息功能　左键点击"消息"功能钮，弹出消息框（图 17-8），再点击一次，消息框退出。消息框中包含的内容有：角色之间的对话、操作设备记录等。所有消息在主场景区会即时显示，同时显示在消息框中。

图 17-8　消息窗口

点击左侧的 图标可以查看操作设备的信息和对话信息；点击左侧的 图标可以查看角色间的对话信息。

（2）设置功能　设置按钮暂无作用。

（3）视角功能　左键点击"视角"功能钮，弹出视角切换列表，再点击一次，视角列表关闭。通过选择视角列表中的视角，即可切换到相应的视角位置，此时的视角属于自由视角，可以通过空格键切换回人物的第三视角。

（4）演示功能　左键点击"演示"功能钮，会自动进行漫游演示，讲解整个厂区的车间分布和工艺流程，使学习者了解厂区全貌。演示过程中可以通过 Esc 键退出。

（5）查找功能　左键点击"查找"功能钮，弹出"查找窗口"，再点击一次按钮，"查找窗口"关闭。在弹出界面中可以分别进行阀门设备与区域地点查找（图 17-9）。在阀门设备查找区域中选择要查找的设备后，点击"开始查找"，会在操作人物的上方出现一个红色箭头和文字说明，可以引导查找目标设备。在到达查找的相关设备所在的区域后，箭头和文字提示会自动消失。

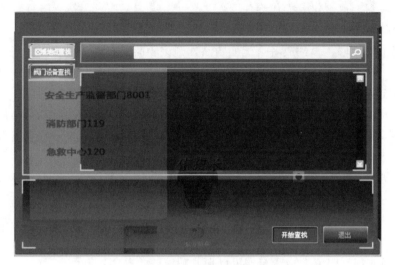

图 17-9　查找功能

（6）对讲机功能　左键点击"对讲机"功能钮，弹出"对讲机界面"，再点击一次按钮，"对讲机界面"关闭。在对讲机界面的左侧选择要汇报或通话的对象，在界面的右侧部分选择要汇报的内容。最后点击"发送"按钮即可完成汇报或通话。

2. 鼠标及键盘功能

（1）W 键、A 键、S 键、D 键分别代表向前、左、后、右移动。

（2）按住 Q 键、E 键可进行左转弯与右转弯。

（3）点击 R 键或功能钮中"走跑切换"按钮可控制角色进行走、跑切换。

（4）单击键盘空格键显示全场，再单击空格键回到现场。

（5）在全场图中，单击鼠标右键，可瞬移到点击位置（仅限于外操员）。

（6）按住鼠标左键，左、右或者前、后拖动，可改变视角。

（7）向前或者向后滑动鼠标滚轮可将视野拉近或者推远。

3. 操作阀门

控制角色移动到目标阀门附近，将鼠标悬停在阀门上，阀门闪烁，表明可以操作阀门；若距离较远，即使将鼠标悬停在阀门位置，阀门也不闪烁，不能操作。阀门操作信息在小地图上方区域即时显示，同时显示在消息框中。具体操作方法：

（1）左键双击闪烁阀门，进入操作界面，切换到阀门近景；

（2）点击操作界面上方操作框进行开、关操作，阀门手轮或手柄将有相应转动；

（3）按住上、下或者左、右方向键，以当前阀门为中心进行上、下或者左、右旋转操作；

（4）单击右键，退出阀门操作界面。

4. 查看仪表

控制角色移动到目标仪表附近，将鼠标悬停在仪表上，仪表闪烁，表明可以查看仪表；如果距离较远，即使将鼠标悬停在仪表位置，仪表也不闪烁，不能查看。具体操作方法：

（1）左键双击闪烁仪表，进入查看界面，并切换到仪表近景；

（2）在查看界面上方有提示框，提示当前仪表数值，与仪表面板数值对应；

（3）按住上、下或左右方向键，以当前仪表为中心进行上、下或左、右旋转；

（4）单击右键，退出仪表操作界面。

5. 拾取、佩戴、装配物品

用鼠标双击要拾取、佩戴或者装配的物品，则该物品装备到装备栏，或者直接佩戴装备到角色身上。

6. 学习安全条例

采用鼠标直接点击方式，走近安全条例展板，点击展板后，镜头自动切换到以当前展板为中心，可看清详细内容，并在展板上方有最小化、关闭按钮，完成一次点击关闭按钮，代表一个条例内容学习完毕。

7. 人物栏

操作界面左上角头像为当前控制的角色的头像如图 17-10 所示。角色名称下方为该角色生命值条，正常为红色，生命值减少到一定值，角色头像变灰，不能继续操作此角色。图 17-11 所示为生产中涉及人员头像，包括值班长、内操员、操作员 1、操作员 2、操作员 3、操作员 4。点击人物栏中的人物头像就可以控制相应的角色。

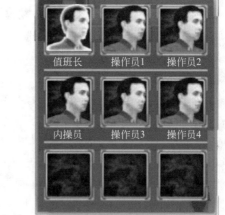

图 17-10　角色信息栏　　　　　　　　图 17-11　人物栏

8. 工具箱

点击图 17-10 中角色信息栏血条下方的"装备"按钮，弹出图 17-12 所示的工具栏，工具栏中将显示出当前角色已佩戴或携带的所有工具。

装备栏分为三部分。左侧部分是显示当前角色穿戴的劳保用具（如安全帽、手套、防护服、防护鞋），通过鼠标右击装备可以摘除至右侧的背包栏中；中间一列为当前角色所配备的工具（如巡检仪等），通过鼠标右击装备可以摘除至右侧的背包栏中；右侧为人物背包中所携带的物品（如警戒带、安全帽、手套等），通过鼠标左键点击即可佩戴该装备或配备该工具。

九、　实验结果

1. 说明甲醇合成反应原理。

2. 绘甲醇合成工段总图。

图 17-12 工具栏

十、思考题

1.甲醇合成主要有哪些工艺？

2.甲醇合成塔是如何完成反应温度控制的？反应器的主要形式有哪些？

3.目前，甲醇合成工艺多为德国鲁奇、美国德士古、荷兰壳牌技术、德国 GSP 技术，作为中华学子，我们应该如何奋起直追，为科技强国建设做出贡献？

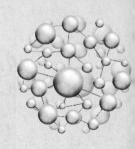

附录

附录 1　常见设备代号

设备类别	塔	换热器	反应器	工业炉	火炬、烟囱	容器	泵	压缩机
代号	T	E	R	F	S	V	P	C

附录 2　常见仪表控制符号

字母	第一位字母		后继字母
	被测变量	修饰词	功能
A	分析		报警
C	电导率		控制（调节）
D	密度	差	
E	电压		检测元件
F	流量	比（分数）	
I	电流		指示
K	时间或者时间程序		自动-手动操作器
L	物位		
M	水分或者湿度		
P	压力或者真空		
Q	数量或者件数	积分、累积	积分、累积
R	放射性		记录或者打印
S	速度或者频率	安全	开关、连锁
T	温度		传送

续表

字母	第一位字母		后继字母
	被测变量	修饰词	功能
V	黏度		阀、挡板、百叶窗
W	力		套管
Y	供选用		继动器或者计算器
Z	位置		驱动、执行或者未分类的终端执行机构

附录 3　DCS 界面操作实例

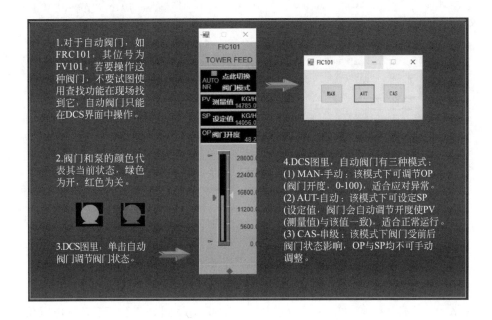

附录 4　仿真软件操作评分细则

1.过程的开始和结束是以起始条件和终止条件来决定的，起始条件满足则过程开始，终止条件满足则过程结束。操作步骤的开始是以操作步骤的起始条件和本操作步骤所对应的上一级过程的起始条件来决定的，必须是操作步骤的上一级过程的起始条件和操作步骤本身的起始条件满足，这个操作步骤才可开始操作。如果操作步骤没有满足起始条件，那么，只要它上一级过程的起始条件满足即可操作。

2.操作步骤评定有高级评分、低级评分与操作质量三级，由评分权区分。高级评分：过程基础分给分低，操作步骤分给分高。低级评分：过程基础分给分高，操作步骤分给分低。操作质量的评定与操作步骤不同，不同工况各个质量指标开始评定和结束评定的条件不同，而质量指标参数相同。

3.过程只给基础分，步骤只给操作分。基础分在整个过程完成后给予操作者，步骤分则视该步骤完成情况给予操作者。

4.一个过程的起始条件没有满足时，终止条件也不会满足。

5. 过程终止条件满足时，则过程中没有进行完毕的过程或步骤不得分。

6. 操作步骤起始条件未满足，尽管动作已经完成，但是认为此步骤错误，不能得分。

7. 质量指标优劣依据指标在设定值上、下的偏差判定。质量指标的上下允许范围内的数值不扣分，超过允许范围扣分，直至该指标得分为 0。

8. 评分时，对冷态开车评定步骤和质量，对于正常停车只评定步骤。

附录 5　实验空间共享"氯乙酸生产工艺 3D 虚拟仿真实验"软件应用指导

1. 打开电脑，关闭杀毒软件、windows 防火墙。

2. 选择火狐、谷歌、Microsoft edge 等浏览器，在地址栏中输入 www. ilab-x. com，进入实验空间，如图 F5-1 所示。

图 F5-1　输入网址

3. 初次登录，需要注册一个登录账号（已经有登录号，此步略），如图 F5-2 所示。

图 F5-2　登录账号

4. 注册完毕，点击登录，输入注册号。

5. 在化学类仿真试验项目中通过搜索某一类关键词找到氯乙酸工艺 3D 虚拟仿真软件。例如，学校检索词"河北大学"，项目检索词"氯乙酸"，负责人检索词"徐建中"，如图 F5-3 和图 F5-4 所示。

6. 点击项目图标，从弹出界面中依次点击"我要做实验"→"开始实验"，如图 F5-5 和图 F5-6 所示。

7. 点击弹出网址，从显示界面中选择在线项目 2，点击"开始实验"，如图 F5-7 和图 F5-8 所示。

8. 初次登录，需要先下载客户端，将其另存到某个硬盘下，例如 D 盘，下载完成后，解压缩，选中 setup. exe，点击右键以管理员身份运行、自动安装，安装过程点击"是"→"允许"如图 F5-9～图 F5-13 所示。

9. 安装完成，点击"启动实验"，初次运行，还需安装河北大学氯乙酸生产工艺 3D 虚拟仿真实验，如图 F5-14 和图 F5-15 所示。

10. 安装完成，如图 F5-16 所示。

11. 双击河北大学氯乙酸生产工艺 3D 虚拟仿真实验，从展开项目下拉菜单中选择学习内容、点击"启动项目"，开始仿真学习，如图 F5-17 所示。

图 F5-3　搜索 1

图 F5-4　搜索 2

图 F5-5　我要做实验

化工基础实验

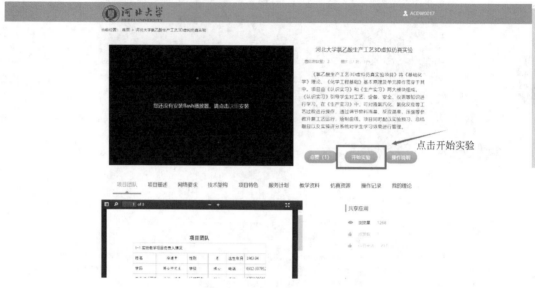

图 F5-6 开始实验

图 F5-7 选择项目

124

项目团队　　项目描述　　网络要求　　技术架构　　项目特色　　服务计划　　教学资料

在线项目1

河北大学氯乙酸生产工艺3D虚拟仿真实验（网页版）

0人学过　♥♥♥♥♥　5分

开始实验

在线项目2　　　　　选择在线项目2，点击开始实验

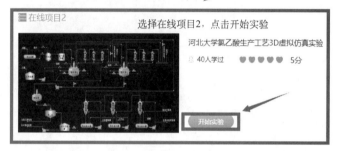

河北大学氯乙酸生产工艺3D虚拟仿真实验

40人学过　♥♥♥♥♥　5分

开始实验

图 F5-8　开始实验

当前位置：　首页 > 项目名称 > 河北大学氯乙酸生产工艺3D虚拟仿真实验

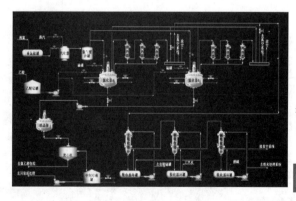

河北大学氯乙酸生产工艺3D虚拟仿真实验

40人学过　♥♥♥♥♥　5分

初次运行需先下载客户端

下载客户端　　启动实验　　操作说明

图 F5-9　下载客户端

化工基础实验

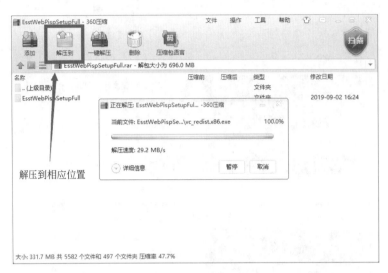

图 F5-10　解压缩

图 F5-11　选中安装程序

图 F5-12　开始安装

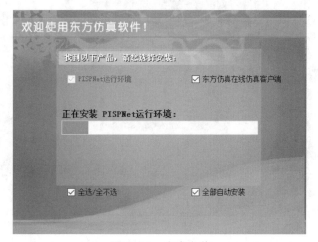

图 F5-13　完成安装

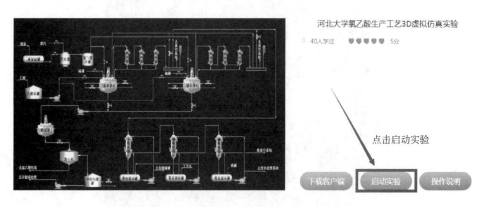

图 F5-14　启动实验

图 F5-15　安装

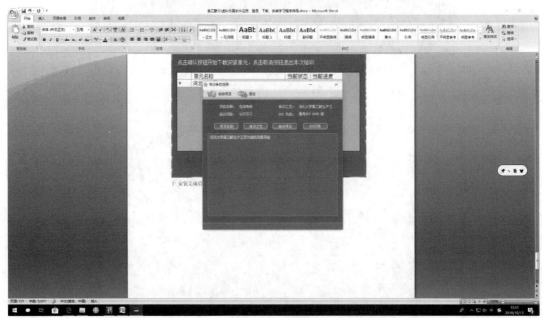

图 F5-16　安装完成

图 F5-17　启动项目

12.操作完成后，关闭程序，可以通过点击右上角自己的注册名，在"我的项目"、"我的成绩"中查看学习项目名称、时长、成绩。也可以在"学习记录"中查看，从"实验报告"中可以看到详细得分情况。

参 考 文 献

[1] 武汉大学.化学工程基础.2版.北京：高等教育出版社，2009.

[2] 王建成，卢燕，陈振.化工原理实验.上海：华东理工大学出版社，2007.

[3] 北京师范大学化学工程教研室.化学工程基础实验.北京：人民教育出版社，1980.

[4] 武汉大学，兰州大学，复旦大学.化工基础实验.北京：高等教育出版社，2005.

[5] 张金利，张建伟，郭翠梨，胡瑞杰.化工原理实验.天津：天津大学出版社，2005.

[6] 冯亚云.化工基础实验.北京：化学工业出版社，2000.

[7] 北京大学，南京大学，南开大学.化工基础实验.北京：北京大学出版社，2004.

[8] 马志广，庞秀言.基础化学实验4，物性参数与测定.2版.北京：化学工业出版社，2016.

[9] 吴晓艺，王松，王静文，张爱玲.化工原理实验.北京：清华大学出版社，2013.

[10] 化学品安全技术说明 http://www.somsds.com

[11] 侯文顺.化工设计概论.北京：化学工业出版社，2011.

[12] 尹美娟.化工仪表自动化.北京：科学出版社，2009.